考试脑科学 2

记忆、压力、动机的脑科学真相

[日] 池谷裕二 —— 著

尤斌斌 —— 译

人民邮电出版社

北　京

图书在版编目（CIP）数据

考试脑科学. 2，记忆、压力、动机的脑科学真相 /
（日）池谷裕二著；尤斌斌译. -- 北京：人民邮电出版
社，2023.1
（图灵新知）
ISBN 978-7-115-60286-2

Ⅰ.①考… Ⅱ.①池… ②尤… Ⅲ.①记忆学－通俗
读物 Ⅳ.①B842.3-49

中国版本图书馆CIP数据核字(2022)第210309号

内 容 提 要

　　本书结合脑科学研究的前沿理论与作者自身的实验数据，以记忆、复
习、压力、动机、睡眠等学习影响因素为话题，讲述了大脑无意识活动的
相关规律，并介绍了运用大脑规律提高记忆效率，增强学习动机，减轻压
力的实用技巧。此外，本书进一步探讨了人脑与人类意识之间奇妙关系，
可以帮助读者从本质上了解大脑与自我，提升认知层次。本书既可作为学生、
职员的高效学习指南，也可作为了解大脑秘密的科普读物。

◆ 著　　　 [日]池谷裕二
　 译　　　 尤斌斌
　 责任编辑　武晓宇
　 责任印制　彭志环

◆ 人民邮电出版社出版发行　　北京市丰台区成寿寺路11号
　 邮编　100164　 电子邮件　315@ptpress.com.cn
　 网址　https://www.ptpress.com.cn
　 涿州市京南印刷厂印刷

◆ 开本：880×1230　1/32
　 印张：9.25　　　　　　　　　2023年1月第1版
　 字数：177千字　　　　　　　2025年9月河北第14次印刷
　　　　著作权合同登记号　图字：01-2022-4456号

定价：59.80元
读者服务热线：(010)84084456-6009　印装质量热线：(010)81055316
反盗版热线：(010)81055315

前言

人即便闭着双眼，也能将饭菜送入口中；即便在视线中总能看见鼻梁，也不会感觉鼻子挡住了视线。

也许会有人说："这不是常识嘛！"事实上，这些现象非常奇妙。毕竟人用筷子夹不同的食物，手部的移动轨迹也会随之发生变化，而且双眼紧闭时，还能微调手腕和手指的每一块肌肉，将食物送入口中。其实，这些全有赖于大脑的作用，因为大脑会无意识地计算肌肉的运动。

　　视线中看见的鼻梁又是怎么一回事儿呢？为什么人们不会在意呢？无论面部朝向哪个方向，人总能在同一位置看到鼻尖。在一个人的身上，鼻子可谓他最熟悉的部位之一，但是他根本不会在意鼻子的存在，甚至视而不见。这也有赖于大脑的作用，是大脑无意识地隐藏了视线中的鼻梁。

　　大脑还具备许多奇妙的功能，不过可以确定的是，大脑"在无意识状态下的活动"要显著多于"有意识的活动"。我们在学习、生活中进行思考时，当然只能意识到有意识的活动。这很容易让人产生一种错觉——能够通过意识感知的部分才是"自己的全部"。其实，绝大多数的大脑活动潜藏在无意识的汪洋大海中。

　　了解无意识，是认识大脑的乐趣所在。本书的主题，正是与各位读者尝试一起探索无意识的世界，了解大脑在学习、考试、生活中的更多嗜好与规律。

　　请大家试着回忆自己给衣服扣扣子时的情景。小时候，扣扣子是一个难以完成的动作，不过长大后，我们便能轻而易举地完成了。我们可以一边同家人聊天，或是一边看电视，或是一边思考停滞不前的工作，一边轻松地扣上扣子。这几乎是无意识的动作。也许准备扣扣子的确是有意识的行为，但是一旦开始扣扣子，剩下的动作就全部靠手指自动完成，等我们反应过来时，扣子已经全部扣好了。

如果衣服缺少一颗扣子，又会怎么样呢？

当默默工作的手指滑到缺少扣子处时，应该会突然暂停动作，接着大脑也因此产生意识："奇怪！这里少了一颗扣子。"如果一切顺利，我们会在无意识的状态下完成动作，但是一旦出现异于往常的情况，我们的大脑便会产生意识。

这到底是怎么一回事儿呢？个中原因不得而知，或许所谓的原因也根本不存在。不过，有些研究者将意识视作一种"警报系统"，即出现异常情况时，大脑会产生意识并发出警报。在扣子全部顺利扣整齐的预设情况下，我们只需无意识地活动身体，机械地进行处理即可，不需要特意去深思熟虑；但是，当遇到缺少扣子的情况时，我们就得分析原因并寻求解决方法。在这个时候，"意识"就冒头了。

如果意识反映出"意外性"，那么大脑便呈现出有趣的一面。意识产生后，大脑会对周围情况开展分析，并灵活运用获取的信息决定下一步动作，比如"赶紧缝一颗扣子""避免以后丢失扣子"等。意识产生后，大脑会立马变得灵活，适应能力也会得到提高。换言之，意识有助于促进"神经回路的发育"和"智慧的培养"。

本书是关于大脑的科普读物，阐述与大脑相关的知识和观点。大脑的活动几乎是无意识的，所以大家在意识中所理解的大脑恐怕与实际并不相符。在认识大脑的结构以后，大家也许会有意外发现，也许会为之震惊，甚至也许会感到不可名状的恐惧。

这正是本书的目的所在。了解无意识的"意外性"有助于刺激大家的意识。正如刚才所说，意识受到刺激是促进大脑成长的绝佳机会，因此我希望本书能成为大脑的"柔顺剂"。

本书涉及各式各样的内容，从记忆、压力、动机、恋爱、减肥等话题，到大脑的未来、哲学、生命进化等知识。我自由地发散出了这么多个人想法，使本书变成，不对，应该说是不小心使本书变成了一本前所未见的独特读物。

同时，我也尽量介绍一般的大脑科普读物不曾涉及的新知识，按照自己的理解对近几年各学会发表的最新内容进行润色，其中甚至还包含在本书出版前一个月新鲜出炉的最新信息。我期待和各位读者一起，从日常生活走进更顶尖乃至最顶尖的脑科学前沿领域。真正的最顶尖的领域总是充满刺激、令人心潮澎湃，我希望各位读者也能稍微触碰这一领域。

本书的雏形是我在 *VISA* 杂志上发表的连载科普文章。在编辑部的建议下，我先以口述形式补充了每篇文章的内容，接着再将录音转换成文字，加工改写成文章。

我之所以选择口述改写而非写作，主要出于以下两个原因。一是为了减轻我自身的写作负担。撰写文章非常消耗精力，我的本职工作不是科普作家，而是神经科学领域的研究者，如果在不熟悉的写作方面花费过多体力和时间，对自己的研究工作造成负面影响，反而是本末倒置了。二是再精练的书面语言也远不及口语通俗易懂。本书的每个章节由"科普文章"和"口述补充"两部分构成，也许阅读起来稍显艰涩，但基于本书的诞生过程，恳请各位读者见谅。

大家做好心理准备了吗？接下来请跟我一起走进脑科学的世界吧！我由衷地希望大家在阅读本书的过程中，能体会到久违的雀跃和兴奋。如果可以向各位读者传达"充满刺激的绝妙感受才是科学的魅力"的观点，哪怕只有一点，本书的目的也算达成了。与此同时，我也能从大家身上收获身为科学家的自豪和勇气。

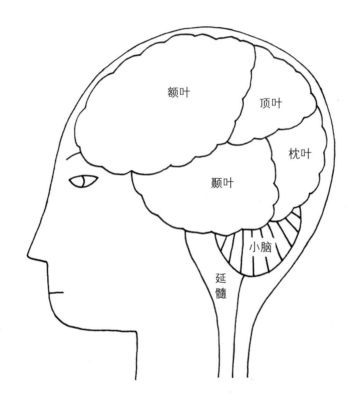

图 0-1 人脑的结构如图所示。

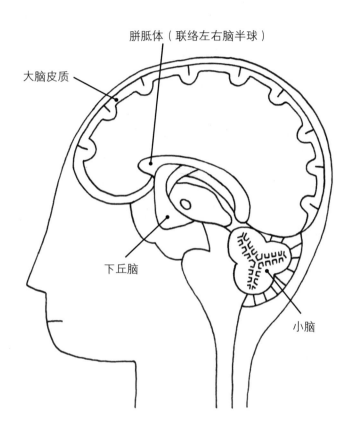

胼胝体（联络左右脑半球）

大脑皮质

下丘脑

小脑

图 0-2　如果沿中线将人脑分割成左右两半，其剖面图如图所示。

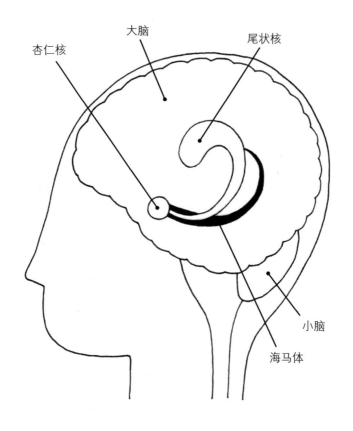

杏仁核　　　大脑　　　　尾状核

小脑

海马体

图 0-3　透视人脑，海马体的位置如图所示。
　　　　海马体属于"大脑皮质"的一部分。

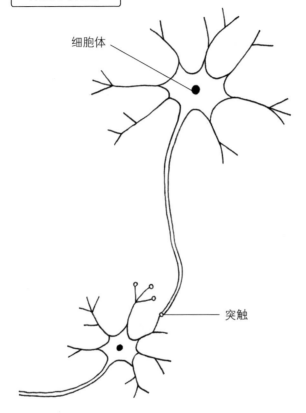

神经元与突触

细胞体

突触

图 0-4　促使人脑活动的神经元（neuron）和突触（连接两个神
　　　经元的接点）。
　　　如果存在 1000 亿个神经元，人脑就会得到有效运用。

目　录

"考试脑科学"系列相关主题索引

健康

第1章　大脑也会记忆
——"海马体"有多厉害？

现在，一个普遍的看法是"人上了年纪以后，脑细胞的数量会减少"。人们悲观地认为随着年龄增长，脑力会不可避免地逐步衰退。然而，脑科学研究表明，这种"看法"并不正确。因为神经元（又称神经细胞）能够增多，甚至能够终生持续地增多。

神经元虽说会增多，但不代表随时随地都可以。在大脑内部，只有某些特定部位的神经元才拥有增殖能力。其中，最为人熟知的便是"海马体"的神经元。海马体是控制记忆的部位，所以人们很容易就联想到"记忆力与神经元增殖之间是否存在密切的联系"这一问题。在该研究领域，有三位女科学家活跃在世界舞台上。

先向大家介绍罗格斯大学的肖尔斯（Shors）教授发表在美国学术期刊《神经科学杂志》上的论文[1]。她在研究老鼠记忆力的过程中发现，学习新事物有助于提高海马体神经元的增殖能力。在记忆停留于大脑期间,新生的神经元会继续存活。有趣的是,记忆测试的成绩越好,新生的神经元数量就越多。

伦敦大学的马圭尔(Maguire)教授在其发表于《美国科学院院刊》的论文中,以独到的视角展开了探讨[2]。她将目光对准了穿梭在伦敦街头的出租车司机们。伦敦市区的道路如蜘蛛网般纵横交错,要想成为一名出租车司机,就必须对所有复杂的路况了然于胸。马圭尔教授深入研究了许多出租车司机的大脑,发现越是资深的出租车司机,其大脑的"海马体"就越大。海马体大,则意味着神经元的增殖能力可能会更强。

在这一系列的研究中,普林斯顿大学的古尔德(Gould)教授在《自然》上发表的实验最具决定性[3]。她发现如果剥夺老鼠的海马体神经元的增殖能力,那么老鼠的记忆力就会衰退到惨不忍睹的地步。换言之,神经元增殖是学习的必要条件。

上述研究成果表明,提高神经元的增殖能力对提升记忆力具有十分重要的作用,而且幸运的是,日常生活中的训练就能帮我们强化海马体的神经元。最有效的方法不外乎是勤奋学习每一天,但除此之外,在日常生活中追求新鲜刺激、避免千篇一律也具有显著的效果。实验表明,在饲养老鼠的箱子里放入跑轮、梯子等玩具有助于提高神经元增殖的活跃性[4]。另外,适度跑步[5]、充分咀嚼食物[6]、积极参与社交活动[7]、避免压力[8]以及在幼儿时期备受母亲呵护[9]等行为均有助于海马体神经元的增多。

古尔德教授后来发表的论文也十分有趣[10]。她认为在社会生活中，越是在人际关系中处于主导地位的人，其神经元的增殖能力就越强。出于对海马体健康的考虑，希望各位上班族即便在上司面前点头哈腰时，自己的内心也要保持住一份自信——比如可以在心里稍微小看对方。学习者则可以通过先在自己擅长的兴趣、科目中取得令自己满意的成绩，来建立自信。

 进一步解说

"海马体"为何如此备受关注？

从广义上来说，"海马体"属于大脑皮质的一部分。

在人脑的进化过程中，大脑皮质是在末期才逐渐变发达的。它包括相对较新的"新皮质"和相对原始的"旧皮质"。海马体属于旧皮质的范畴，它和旁边的一些组织结构因位于大脑的角落，所以被统称为"边缘系统"。

海马体的形成时间较早，因此结构相对比较简单。

人类的大脑皮质非常复杂，可以进一步细分[11]。新皮质聚集了各种各样的神经元，可以分为六层。不过，海马体仅有两层。正因为其结构简单明了，所以世界上包括我在内的很多研究者将目光聚焦在了海马体上。如果能搞清楚海马体的结构和功能、神经回路的微观结构以及神经元的功能等，就可以利用这些知识，更容易地理解更为复杂的新皮质。

新皮质掌管着大脑的高级功能，如决策制定、记忆存储、行动计划、价值判断等，所以许多研究者做研究的终极目标就是了解新皮质。作为其研究的第一步，海马体是一个不错的选择。

研究海马体的另一个重要原因是，海马体本身也拥有独特的功能。

从自然科学诞生起，人们便熟知海马体的存在，只是"海马体"（hippocampus）这个名称出现得相对较晚。在文艺复兴后期，意大利的解剖学家阿兰奇（Aranzi）在其晚年的著作中第一次提到这个名称。

阿兰奇在著作中并未写明 hippocampus 的由来，因此流传着不同的说法。其中不乏几个有力的说法，比如有人认为hippocampus 是海马的意思，所以海马体是因其形状与海马卷起尾巴的样子相似而得名，还有人认为海马体是因与希腊神话中海神波塞冬的坐骑马头鱼尾兽（Hippocampus）的尾巴相似而得名。

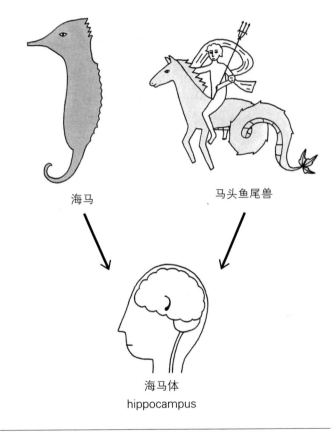

海马　　　　　　　马头鱼尾兽

海马体
hippocampus

图 1-1　海马体的命名是来源于海马，还是马头鱼尾兽呢？
记忆在这里形成。

将记忆"存入"大脑的重要部位

　　在阿兰奇大展身手的年代，人们还不了解海马体在大脑中起到什么作用。斯科维尔（Scoville）和米尔纳（Milner）于1957年共同发表的一篇论文 [12]，首次对海马体进行了准确的报告。论文中列举了10位病人的病例，其中最有名的要数病例1，即 H.M. 的病例。H.M. 是病人名字的首字母缩写。

　　在论文发表的4年前，即1953年发生了一件事。

　　H.M. 因患有癫痫而来到宾夕法尼亚州的医院。他得的是颞叶癫痫，且当时病情恶化，已严重到药物无法控制的地步。检查结果显示，诱发癫痫的病灶似乎位于海马体的周围，因此神经外科医生斯科维尔给他做了一场外科手术，切除了颞叶内部包含海马体在内的大部分区域。手术当天是1953年9月1日，两三天后，H.M. 的意识逐渐恢复正常，说明手术取得了成功。虽然没有完全阻止他的癫痫发作，但至少病情得到很大改善，已经可以利用药物控制。

　　然而，手术却出现了意外的副作用——切除了海马体的他变得无法记住新事物。

　　H.M. 对于手术前的事情记得非常清楚。他知道自己叫什么名字，能与别人正常对话，判断能力也没有出现问题，甚至他的 IQ（智商）值在手术前是104，手术后还提高至112。在接受医生问诊时，他也能迅速并准确地作出回答。但是，他记不住新事物。如果你问他"今天的日期",他永远会回答1953年3月。因为H.M.的大脑无法储存新的记忆,所以他脑中的时间永远停留在手术前。当他隔天再次接受医生问诊时,会用"初次见面"和对方问好。岂止是隔天,他的记忆只能维持几分钟,注意力稍不集中,记忆就会消失不见,跟对方又变成了"初次见面"。

用当事人的话说,他"经常有种刚从梦中醒来的感觉"。斯科维尔委托加拿大的精神科医生米尔纳给H.M.做心理测试,与她联名报告H.M.的症状,这便是他们于1957年发表的论文。

上述病例表明,海马体对"制造记忆"非常重要。

这里有一个关键点,那就是原有的旧记忆依然存在。这意味着海马体对制造记忆非常重要,但它"不是储存记忆的部位"。在海马体中制造的记忆,随后被储存在其他部位。也许海马体可以暂时保存记忆,但从长远来看,记忆应该是储存在大脑其他部位的。所谓的其他部位,大概就是大脑皮质了[13、14]。

另外还一个关键点,那就是海马体对回想记忆并不重要。就算一个人的海马体被切除,他在说话时也能侃侃而谈,也能回想起从前的记忆。H.M.的病例表明,海马体是负责将记忆"存入"大脑的重要部位。

锻炼海马体有助于提高记忆力吗？

那么，锻炼海马体有助于提高记忆力吗？在日常生活中，海马体可以锻炼到什么程度呢？虽然无法对此妄下结论，不过有不少论文给出了一些提示。

前文介绍过的古尔德教授，对影响海马体神经元增殖的许多因素开展了广泛的研究——虽然实验对象是老鼠——比如她发现比起只饲养一只老鼠，在一个饲养笼里同时饲养多只老鼠更有助于提高神经元的增殖能力。而且，混合饲养雄鼠和雌鼠的效果更加显著。

同时饲养多只老鼠的话，整个集体内部会出现厉害的老鼠和懦弱的老鼠（这一点与人类社会相似）。在这种情况下，"社会"地位越高的老鼠拥有越强的细胞增殖能力。而且，如果集体生活与加强运动相结合，效果将愈发显著。另外，实验结果中最有趣的，应该是"学习"能够提高海马体神经元的增殖能力[15]。

不过，可能是受到媒体宣传等的影响，这类实验结果往往只有某些方面会被片面地强调和传播开。事实上，实验结果中到底有多少情况适用于人类，我认为必须要更谨慎地观察下去。

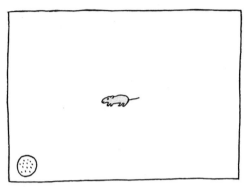

孤单的老鼠

[……]

图 1-2　与同伴一起玩耍的老鼠

[开心!][好玩!][♥!]

顺便提一下，我个人很期待将来人们能够有效利用海马体神经元的这种增殖能力，比如在培养皿中让神经元增多，再将其移植到人脑中，从而治疗脑部疾病[16]。神经移植和 iPS 细胞（诱导多能干细胞）等再生医疗技术一样，也潜藏着发展的可能性。

第2章 大脑也会疲惫
——记忆与压力的意外关联

新年伊始，人们往往很容易积攒压力。新学期、新环境、新工作、新的人际关系……这些所产生的压力会毫不客气地席卷而来。如果在如此忙碌的时期被压力打倒，就会遭受莫大的损失，比如被竞争对手捷足先登之类的。因此，我们应尽量避免压力的累积。

毋庸置疑，压力对大脑无益，其科学原因也早已明确。当人的身体感受到压力时，肾上腺皮质会释放名为"皮质醇"的激素[1]。虽然名字有点拗口，但该激素至关重要。对大脑而言，它是不可或缺的存在，可一旦过量也会引发问题——如果它们随着血液大量流入脑中，就会抑制神经元发挥作用，造成记忆力下降、工作效率降低等不良影响。

一般来说，所有人身上都会出现压力导致能力下降的现象，并不存在所谓的抗压能力强或抗压能力弱的大脑。不过最新的脑科学研究表明，我们可以从压力中保护大脑——神经生物学家麦高夫（McGaugh）博士在其论文中指出"秘诀就在于尽快适应环境"[2]。大脑只要适应了新环境，即便受到相关激素的影响，能力也不会下降。

也许听起来有些不可思议，但适应压力也是"记忆的作用"之一。尽管所处的环境本身并没有改变，但是人的压力却减轻了——因为大脑已经"记住"了"没有必要对当前环境感到压力"。

心理学家亨克（Henke）围绕压力与海马体的关系开展了一系列研究[3]。海马体一旦丧失功能，大脑就无法记忆。亨克具体开展实验后发现，海马体丧失功能的老鼠无法顺利适应新环境，会持续感受到巨大的压力。实验结果表明，能否适应压力取决于是否利用了大脑海马体的作用，即"记忆"的作用。所以，刺激海马体有助于减轻压力，因为提高记忆力可以帮助消除压力。换言之，记忆力是压力的天敌，同时压力也将记忆力视作天敌。

想要保持良好的记忆力，最好远离压力。不过在现实中，学校里、职场上存在许多无法避免压力的情况。在这些情况下，如果不能快速适应新环境，那么宝贵的记忆力将会受损。亨克的实验结果表明，记忆力越好，在直面危机时感受到的压力就越小。所以说，快速适应环境不仅可以保护宝贵的记忆力，从精神卫生的层面来看也是非常理想的状态。未雨绸缪也是个不错的选择，在日常生活中要时常锻炼记忆力，随时准备直面不可避免的压力。这不但能尽量减少压力所造成的损失，还能进一步提高记忆力，形成一个良性循环。

 进一步解说

压力与压力源

人们经常会说"被上司骂了，今天真是'压力山大'"。压力这个词已经成为日常用语，不过准确地说，前面这句话中的压力指的并不是真正的"压力"，而是"压力源"。

压力是指主观的负担或重压状态，而压力源是指与个人相关的环境刺激等。因此，从科学角度来看，"考试有压力"的说法并不正确，正确的表达应该是"考试造成了压力"。当然，在日常会话中我们不需要如此注意措辞严谨。

另外，我们经常会听到一种说法："有些人能感受到压力，有些人却感受不到。"也就是说，虽然考试作为压力源是客观存在的，但对此有些人会感受到压力，有些人却感受不到。对于压力的感受因人而异，即便是同一个人，也可能曾经对某一事物感受到压力，换一个时间又感受不到了。换言之，压力源虽然没有发生变化，但当事人的主观感受，即是否有压力可能会发生变化。说到底，这意味着压力是可以克服的。

图 2-1　易怒的上司 = 虽然压力源相同，但……

　　"不怯场"便是一个典型的例子。有些人本不擅于在人前讲话，例如在婚礼现场致辞时会感到紧张，不过他只要多经历几次，适应以后自然会变得从容不迫。"在人前讲话"这个外部环境，也就是压力源并没有发生变化，但人的反应却从紧张变成从容不迫。那么，到底是什么发生变化了呢？答案是他自己。因为自己在面对相同的外部环境时认为没有必要感受压力，这就相当于克服了压力。

　　这听起来好像理所当然，但其实非常关键。换言之，"适应 = 记忆"。适应是逐渐不再去感知压力源的过程。修复感受能力，并将其转换成记忆，这就是所谓的克服压力。

海马体不仅负责记忆，还能处理压力

了解了"适应"源于记忆的作用之后，记忆的"指挥官"——海马体便崭露头角。

海马体对恐惧记忆也发挥了重要的作用。

"恐惧记忆"分为两种，一种是因某个契机而感受到的恐惧记忆，另一种是视情况而感受到的恐惧记忆。

在开始具体说明之前，先向大家介绍如何利用老鼠开展恐惧记忆实验。

将老鼠放入一个箱子，在箱子底部铺上可以通电的金属网——没错，就是电流刺激。老鼠受到电流刺激时会产生酥麻的感觉，这不是什么愉悦的体验（当然，我们人类也一样）。此时，如果在给老鼠播放报警器响声的同时给金属网通电，那么即便老鼠回到饲养笼以后，只要警报器一响，它也会吓得直哆嗦[4]。因为它感到了害怕。

另一项实验与上述实验相似，还是将老鼠放入刚才的箱子里，不过这次没有让警报器发出响声，而是过了一段时间突然给金属网通电。等到第二天，将老鼠放入相同的箱子里。结果老鼠刚进入箱子，身体就开始颤抖。

对声音的恐惧和对箱子的恐惧，虽然这两种反应看起来很像，不过大脑中的活动是完全不同的[5,6]。一听到声音便开始颤抖的恐惧记忆与名为"杏仁核"的大脑部位有关，而一进入曾经遭受电流刺激的箱子便开始颤抖的恐惧记忆则与"海马体"有关。

举个例子，假设你在办公室挨了老师的批评，从那以后，远远听到老师的声音便会感到紧张，这与"杏仁核"有关；而一走进办公室，即便当时老师不在，你也会感到紧张，这与"海马体"有关。

海马体会记住恐惧，不过同时它也能处理压力。在前面的实验中，将老鼠放入曾经有过可怕体验的箱子后，一开始它会吓得直哆嗦，但如果不再通电的话，最终它会恢复平静。这也许是因为它开始觉得"什么嘛，这儿一点儿也不可怕啊"。这时，与其说是恐惧消失了，不如说是另一个记忆，即"不可怕"的记忆覆盖了恐惧记忆，将恐惧掩藏起来了，因此压力趋于缓解。也有研究表明，刺激海马体有助于提前预防压力[3]。这大概是因为海马体的激活程度越高，其适应压力的速度就越快。另外，长期承受压力则会造成海马体神经元减少，进而被压力吞噬。

换言之，战胜压力可以促使海马体变得发达，等到下次遭受新的压力时便也能将其克服。由此一来，海马体又将变得更加发达，能抗住更大的压力。极端地说，只要锻炼海马体，我们就能不断地克服巨大的压力。

图2-2 "不可怕"的记忆覆盖了恐惧记忆。
这是海马体在发挥作用！

　　如果一名普通职员直接升职到董事长，也许他很难克服董事长这一重任所带来的压力。但是，如果他先从普通职员升到股长，在适应（克服）较小的压力后，再升到科长，接着再适应科长这一职务所带来的压力……像这样按部就班地升迁，反而能不断地适应更大的压力。

　　大脑可以克服压力，但它的抗压能力并非与生俱来，而是在不断进步中慢慢锻炼出来的。

第 3 章　大脑也会先入为主
——信息歪曲与认知偏见

悬挂在空中的七色桥——无论是谁听到这句话，脑海中都会马上浮现两个字：彩虹。这种太阳光交织的艺术棱镜是古往今来人们熟知的自然现象，连《万叶集》[①]中也记载着吟诵彩虹的和歌。

不过，彩虹真的是七种颜色吗？人们对太阳光进行光谱分析后发现，光的波长是连续的，因此不能分成七个类别。对色带进行分类，与硬要将日本国民分成巨人[②]粉丝和非巨人粉丝的行为相似，都带有强人所难和模棱两可的味道。

事实上，很少有国家或地区认为彩虹有七种颜色。在英国和美国，人们认为彩虹有六种颜色；在法国，人们认为彩虹有五种颜色；到了日本的冲绳，人们又认为彩虹只有两种颜

[①] 日本最早的诗歌总集。——编者注
[②] 日本知名职业棒球队。——译者注

18

色。即便在日本本土，直到江户时代末期才出现七色彩虹的说法，在那之前并没有如此细致地区分颜色。

换言之，就算看到相同的彩虹，由于文化背景不同，人们脑海中浮现的颜色信息也会不同。此时，大脑看见的不是存在于眼前的事实，而是由"先入为主"这副有色眼镜虚构出来的景象。

针对以上问题，威斯康星大学的尼奇克（Nitschke）博士在《自然－神经科学》杂志上发表了一篇十分有趣的论文[1]。不过，尼奇克博士的研究对象并不是颜色，而是味道。他向43名受试者提供各种浓度的甜味化合物（如葡萄糖）或苦味药物（如奎宁，一种植物成分），询问他们品尝后感到愉悦或不愉悦的程度，同时监测"初级味觉皮质"的活动情况。初级味觉皮质是最早对舌头感知的味觉信息进行处理的大脑皮质。

尼奇克博士在实验中设置了一个小陷阱：在向受试者提供化合物时，会事先用"非常不愉悦"或"有点儿不愉悦"等描述告知对方化合物的味道，但这类提示有时会包含错误的信息。那么，大脑在接收到虚假信息后，又会作何反应呢？

实验结果令人惊讶。明明是浓度很高的奎宁，如果事先给出错误提示，告知受试者他只会感到"有点儿不愉悦"，那么比起尝到原本的苦味，他的初级味觉皮质只会产生较弱的反应。若此时询问受试者的感受，就会发现他对苦的程度的评价要明显低于实际的情况。反之，如果事先告知受试者他会感到"非常不愉悦",再让他舔很苦的奎宁,那么初级味觉皮质的反应就会更强烈,感受到的味道也比实际的更苦。另外,虽然受试者对甜味的反应没有苦味那么明显,不过最后的结论几乎是一致的。

上述研究表明,人很容易受"先入为主"的影响,无法据实对味道做出准确的评判。人们经常说,烹饪不仅讲究味道,还是包含摆盘、餐具和氛围在内的综合艺术。从脑科学研究的数据来看,这一说法的确合乎道理。如果一道菜卖相不佳,基本就可以宣告它的失败了。

"先入为主"的影响不只限于判断味道或颜色,比如在商品摆放整齐的电器店,我们也会不由自主地对在电视广告中见过的品牌抱有好感。相亲也是,如果双方在见面前都从别处听到过对相亲对象的夸赞,那么相亲多半也会进行得更顺利。

外部信息对心理的影响程度也许比我们想象的更深,但反过来看,人类身上的这种特质也蕴藏着意外的商机。

 进一步解说
为什么大脑从一开始就歪曲信息?

这一话题包含两个重点,其中一个重点是"初级味觉

20

皮质"。

舌头接收的味觉信息一般先由大脑皮质中的初级味觉皮质处理，接着再传递到大脑的上一级，处理完后再继续传递到上一级。信息在接力式处理的过程中，也逐渐变得高级和抽象。

按理说，初级味觉皮质应该最准确地复刻了外部信息。但是，当人们感觉"这似乎很好吃"和"这似乎不好吃"时，初级味觉皮质出现的反应却完全不同。换言之，从进入大脑的瞬间开始，信息就已经被贴上了偏向（偏见）的标签。尼奇克博士的论文让我大吃一惊，原来我们的大脑是如此地高度主观，又是如此地固执，或者更直白地说，它是如此地充满了偏见。

另一个重点是"味觉皮质"。其实，同属大脑感觉区的其他皮质也是如此，比如视觉皮质。人即便看到同一事物，视觉皮质也会根据信息对自己是否存在价值产生不同的反应[2]。信息是否存在价值，一般是基于个人经验或记忆，即在过去自己到底是受益还是受损来判断的。尼奇克博士在论文中提到，味觉皮质正是根据从过往经验中得出的先入为主的看法，时而反应强烈，时而反应平淡，所以我在阅读这篇论文时觉得实在有趣，心想："味觉呀，原来你跟我一样啊。"

画地图时习惯将自己家放大

要说大脑是如何歪曲信息的，其实这与喜欢把自己感兴趣的东西放大一样。

比如，当你让小孩子画一幅地图时，大部分孩子会先把自己的家画得很大，接着再画自己家附近的街道，也就是异常放大自己熟悉的区域，再完成其他部分。从结果来看，这幅地图是歪曲信息的产物，完全以个人喜好为中心。画世界地图时也差不多，先将自己所在的国家画得大一些，接着再画其他国家，而且除了日本之外，其他国家还会画得小一些。

这又是为什么呢？因为在大脑中，自己感兴趣或认为重要的事物地位卓然。当然，这非常合乎情理。当你被要求画一幅世界地图时，即便你能详细描绘出卡萨布兰卡的街道，它对日常生活也毫无用处。既然与我们的生活直接互动的是自己的身体和大脑，那么就算信息出现歪曲也无伤大雅，我们重视的是自己身边的重要事物。因此，当碰到对自己有价值的信息时会表现出更强烈的反应，这也情有可原。

有个典型例子与上述内容相关。一位名叫彭菲尔德的医生逐一研究了手、脚和上臂等部位在大脑中所对应的区域后，制作出一份大脑感觉地图。据地图所示，人的手和手指，特别是食指所对应的区域要远大于上臂所对应的区域，我觉得这也反映了大脑更重视自己认为重要的事物。

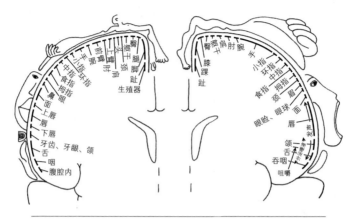

图 3-1　加拿大脑外科医生彭菲尔德制作的"大脑感觉地图"。
该图指出了身体各个部位在大脑中所对应的区域。
手和手指等部位对应的神经元非常多。

为什么人会有先入为主的观念?

　　前文中提到过人的大脑是高度主观的, 所以我们在日常
生活中需要多加注意。一方面, 只要相信不苦就不会感觉到
苦味的确很重要, 但另一方面, 如果陷入深信不疑的状态,
那么将可能无法摆脱这种主观, 从而被限制思想上的自由,
或者被先入为主的观念束缚了机体的某些功能。反过来说,
所谓新颖的构想或异于他人的个性, 也许正是因为没有被先

入为主的观念或高度主观的想法所拘束，才在不断思考其他可能性的过程中诞生的。

那么，为什么人会有先入为主的观念？

举个例子，一个人如果每次都要一一确认眼前的物品是杯子、纸还是铅笔的话，那就太麻烦了。说得更具体一点，倘若一个人时常从哲学层面思考"杯子到底是什么"，那么他的日常生活肯定会受到影响。但是，如果我们看一眼就立马判断出"这是杯子"，并且不过度思考这一结论，反而有利于我们专心从事其他重要的活动。因此，先入为主的观念或高度主观的想法其实是在帮助我们的大脑迅速处理不断接收到的信息。

可是反过来说，正如前文所述，大脑的迅速处理又可能导致千篇一律的见解。因此，我深切地体会到，大脑真是一个有趣的存在。"迅速处理信息"和"千篇一律"无法两全，而大脑却在两者间保持着绝妙的平衡。

情绪、智慧与大脑

尼奇克博士在其论文中提到，比起愉悦（甜味）的感受，初级味觉皮质对于不愉悦（苦味）的反应更为强烈。

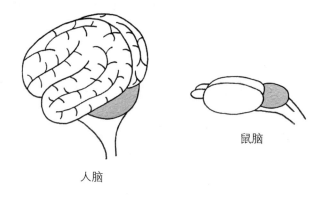

鼠脑

人脑

图 3-2　对比人脑与鼠脑。

　　我们拥有丰富的情绪，比如喜悦、幸福、快乐、悲伤、苦恼、难过、恐惧等。在这之中，"恐惧"对动物来说非常重要。因为要做动物实验，我几乎每天都会接触老鼠，也时常感到疑惑：快乐或悲伤之类的情绪，老鼠到底拥有多少呢？即使老鼠拥有情绪，它们似乎也不像人类这样能够清晰地意识到那些情绪的存在。老鼠不会说话，真正的答案不得而知，但是经过多年观察，我感觉是这样的。

　　不过，老鼠肯定拥有一种情绪，即前文中提到的"恐惧"。即便是原始动物，也会产生相当强烈的恐惧情绪。

　　谈及进化时，有些观点认为人类拥有快乐或幽默等积极的情绪表现，而低等动物身上似乎不具备这些，因此人类属于高等动物。也许的确存在这一因素，但我并不是很赞同。相反，我倒认为既然只有人类或猴子等相对高等的哺乳动物

25

才拥有快乐等情绪，那么反而说明了这类情绪在维系生命的基本功能上并没有那么重要。

人类的大脑皮质相当发达[3-5]。观察鼠脑，我们会发现鼠脑小而光滑，相对来说，大脑皮质之外的区域才比较大。因此我们同样可以认为：大脑皮质对创造高等智慧十分重要，但在维持基本生命方面也许并不太重要。

为什么恐惧或不安比快乐更强烈？

从情绪层面来看，对生命而言，低等动物所拥有的情绪才是更本质的存在。因此，老鼠之所以拥有恐惧情绪，是因为它在维系生命方面十分重要。

恐惧情绪包含两个作用：一是在身处森林等危险场所或遭受其他动物袭击时，能够察觉和感知生命正受到威胁，从而迅速保护自身安全；二是为了不让自己再次陷入类似的危险境地，记住危险状况以防患于未然。

关于第一个作用，也可以这样理解：动物在森林中漫步时察觉附近有情况，也许那并不是什么对自己有威胁的存在或天敌，但也要保持警惕之心。警惕，不正与恐惧情绪密切相关吗？换言之，对于动物来说，比起在森林中因为把自己遭遇的未知情况误判成安全或伙伴，从而丢掉了性命，不如在面对未知情况时立马就感到恐惧。后者反而更加有利，而且即使判断失误也没什么大不了的。

正因如此，比起快乐，先入为主的观念或高度主观的想法更容易放大不愉悦的信息。因为是这些负面情绪先出现在大脑的底层部位，然后才诞生了快乐和愉悦等其他情绪，就像开枝散叶和添加装饰那样。

尼奇克博士在论文中提到"比起愉悦（甜味）的感受，不愉悦（苦味）的感受会产生更加强烈的先入为主的观念"。现在，大家应该也能理解这句话了吧。

不安情绪也许是引发抑郁症的因素之一。在进化过程中，动物能迅速对周边情况感到警惕或不安，我总觉得抑郁症是这种能力的衍生物。反过来说，至少就目前的大脑进化水平而言，比起抑郁症等疾病，快乐或愉悦等情绪过剩所造成的疾病还不太会成为一个社会问题。当然，我们也无法预知大脑将来在进化中又会出现什么样的变化。

图 3-3　总而言之，最好是保持"警惕"。

第4章　大脑也会有干劲
——如何提高积极性？

　　日本有句谚语叫"马眼前挂胡萝卜"，意思是在马的视线范围内挂一根胡萝卜作为诱饵，驱使它不停地奔跑。我不确定这个办法是否真的有效，但我们在日常生活中经常会利用"诱饵"来提高积极性。有些人在鼓励自己或同伴时会说"如果工作顺利完成，就去庆祝一下"，也有些学生因为父母承诺"如果你总考不好的语文能考到90分以上，我就奖励你一个喜欢的东西"而努力学习。

　　这种利用奖赏的方法在心理学领域被称作"外在动机"。作为一种提高工作效率的方法，它在很早以前就为人所熟知。实际上，人们已经证实，缺乏外在动机会导致学习能力严重下降，甚至对于动物而言，它们可能会完全丧失学习能力。

　　我曾听过美国精神卫生研究所里士满（Richmond）博士的讲座，他与设乐宗孝博士的共同研究中有许多关于外在动机的优秀成果。

他们以猴子为对象开展了一个简单的实验，发现了一个颇有意思的现象。实验内容是让猴子在其眼前的显示屏中亮起红色信号时按下手柄，当信号变成绿色时松开手柄。如果猴子能零失误地完成这一连串的指令，就奖励它美味的果汁。如果猴子在亮起红色信号时松开了手柄，或是在信号变成绿色时按下手柄，那么它就不能获得果汁。如果只是这种程度的简单操作，成功率一般会超过97%。

　　但是，一旦连续进行实验，便会出现出乎意料的结果。例如把规则修改成猴子只完成一次并不算成功，必须连续完成四次才能获得果汁。进入这样的复合作业阶段后，成功率会显著降低。里士满博士发表在《科学》杂志（2002年5月）上的论文表明，进行这种要连续四次才算成功的实验时，第一轮试行实验的成功率竟然低于75%[1]，第二轮和第三轮的成功率缓慢攀升，分别是80%和93%，而且在这两轮实验中，最后会奖励果汁的那次实验的成功率一般会恢复到正常水平，即97%。

　　也就是说，获取奖赏所需的步骤越多，工作的错误率就会越高。反过来也可以说，即便是重复同一个简单的操作，随着进度的推进，距离获得果汁的剩余操作越少，成功率也会越高。对奖赏的"期待"与工作的"准确率"之间存在一定的关系，对此起到相应作用的应该是大脑中的额叶（frontal lobe）。

　　里士满博士认为"没有什么好办法能破坏期待与准确率

之间的关系"。换言之，要想提高工作的准确率，就不能将多个进度合并在一起，而是要将其细分成多个阶段，并在每个阶段都给予奖赏。

奖赏不一定是肉眼可见的东西，做成某件事时收获的"成就感"也是一种外在动机。事实上，实现目标后的"喜悦之情"就称得上是一种奖赏。人们常说"志当存高远"，但这样不仅会导致实现目标后获得奖赏的次数减少，而且当目标无法实现时，难免会使人产生一种挫败感。为了能够顺利达成一个大目标，在设定较大的终极目标时，最好也不断设定一些比较容易实现的小目标。

 进一步解说

用身体活动让大脑获得"干劲"

以某种奖赏来激发干劲的做法很常见，绝大多数人有过类似体验。也许有人会说这种做法动机不纯，但也不能妄下定论，毕竟不用奖赏的话真的很难激发出"干劲"。

研究大脑时，关键在于要以"它无法独立存在"为前提——有身体才有大脑。大脑位于名为颅骨的"暗盒"中，无法与外界接触，感知或影响外部环境的行为全部是由身体来承担的。通过身体这一载体，大脑才能实现与外界接触。

毫不夸张地说，对于大脑而言，"身体"才是它的外部环境，大脑的一切都依赖于身体。也许是曾经短暂出现过的"脑科学热潮"让人们误以为大脑的价值远高于身体的，但是观察那些没有大脑也能生存的原始动物就会发现，有身体才有大脑。

以人的手为例，人是因为"可以活动手"，所以大脑才出现了"活动手的区域"，而不是先由大脑相应区域向手发送指令，手才能活动。如果过度以大脑为中心思考问题，很容易陷入大脑至上主义，这一点必须引起注意。

与普通人相比，小提琴家或钢琴家的手指所对应的大脑区域更大。但是，他们并不是因为手指所对应的大脑区域比普通人的更大，才能成为小提琴家或钢琴家的，而是长期拉小提琴或弹钢琴促使手指所对应的大脑区域变得更大。证据就是，若某人因事故或感染性疾病而被迫截肢，截肢部位所对应的大脑区域就会萎缩或被其他区域占领。

失去身体的大脑将一无所知

当然，并不是说只要拥有身体就行。我想强调的是，对于大脑而言，身体是自己与外部环境连接的唯一接口（接触面）。如果没有来自身体的信号，大脑将对世界一无所知。

图 4-1　先有大脑，还是先有身体？

　　我曾经有机会与从事理疗工作的老师们交流，他们说同样是复健，年轻人比老年人恢复得更快，能够更早出院。针对这个现象，普遍的看法是因为年轻人"神经再生"的速度更快，不过现在又出现了不同视角的观点。

　　就大脑本身而言，无论是年轻人还是老年人，相对来说恢复都比较快。也就是说，神经一般不太会老化。那么，到底是什么随着年龄的变化而产生了不同呢？答案是身体的活力。年轻人经常活动身体，因此身体会源源不断地给大脑发送信息，而老年人即便花费同样的时间来复健，因为不怎么活动身体，所以大脑恢复得也比较慢。

　　因此，如果一定要选的话，我认为身体比大脑重要，大脑是在身体的带动下被激活的。每当看到科幻作品中未来人类的形象是一个大脑异常发达而身体已经退化的生物时，我总会想，其实身体退化也会引起大脑退化。

"行动兴奋"小建议

回到最初的话题，我们要如何提高积极性呢？一种方法是"外在动机"，即通过奖赏来提高积极性。如字面所示，外在动机不是源于大脑内部，而是外部给予的动机，它属于环境主导型的方法。

另一种方法就是尝试让身体动起来，就算提不起干劲，也要先试着去做。比如即便提不起干劲写贺年卡，也要先坐到书桌前试着开始写。这样一来，大脑会不断被激活，从而激发出干劲，最后变得全神贯注。这个过程称作"行动兴奋"，兴奋指的就是"大脑神经元被激活"。

关于早上起床这件事，我实在是起不来，总是不想离开被窝，想继续躺着。特别是到了冬天，被窝里暖和又舒服，我更是不想起来了。不过，自从知道大脑存在"行动兴奋"的现象后，我变得会马上采取行动。不用去管大脑是否已经清醒，首先我们要做的是叫醒身体，比如刷牙、拉开窗帘和洗脸等。先让身体行动起来，再通过行动强行唤醒大脑。如果一直赖在被窝里，大脑永远都不会清醒。

芥川龙之介在小说《侏儒的话》中写道："从恋爱（的痛苦）中把我解救下来的，不是理性而是繁忙。"正所谓"与其临渊羡鱼，不如退而结网"，这些都诠释了行为主导型方法的重要性。

无论是环境主导（奖赏）还是行为主导，说到底这些方法都是基于同一个观点：从内部催生干劲极为困难。就算老师批评学生说"你怎么就提不起干劲呢？！"，其实也完全于事无补。在心理学中，外在动机是明确的保持干劲和积极性的方法之一。奖赏之所以使人开心，是因为追寻快乐、喜悦和愉快可以使人保持干劲，这绝不是什么动机不纯的方法。

取悦大脑中的"奖赏系统"

外在动机不一定是具体的奖赏，比如能吃到什么美食、搞定这份文件后就去"喝一杯"、工作一个月就可以拿到工资等。除此之外，还有一种最原始、最省钱的方法，即"赞美"。人一旦受到赞美，就会莫名地感到开心。人呐，真是一种奇妙的生物。

还有一种是做成某件事或弄懂某个问题后的"喜悦"。人一旦弄明白以前不懂的问题时就会产生快感，这也非常不可思议。为什么人在做成某件事或弄懂某个问题后会感到喜悦呢？是因为人在进化过程中曾因此受益吗？大脑回路为什么会特意设计成这样呢？还是说这纯属偶然？

不管出于何种原因，既然人类会产生快感，那么"成就感"就是一种有效的外在动机。只要能刺激相应部位，让大脑的"奖赏系统"感到愉悦，任何事物都可以化作外在动机。

当"我的心里只有 TA ♥"时，大脑作何反应？

说起来，"奖赏系统"的工作机制是什么样呢？

这里涉及一个重要的关键词——多巴胺。

多巴胺一直被人们认为是产生快乐的神经递质。脑中的腹侧被盖区存在许多分泌多巴胺的神经元，只要刺激这里，就会有大量的多巴胺被分泌出来。研究发现，一旦刺激老鼠的腹侧被盖区，它就会感到愉悦。不过老鼠也不可能开口说"好开心啊"，所以实验是在它的腹侧被盖区植入一个电极，并让它可以自由控制通电按钮。结果就是，老鼠会主动按下按钮，让大脑接受电流刺激，甚至哪怕不吃不喝，也要反复按下按钮。这可能就是一种迷失自我的快感吧！像腹侧被盖区这样能够产生快感的大脑部位，属于负责奖赏的神经系统，因此也被称作"奖赏系统"。

兴奋剂和尼古丁等药物好像可以激活"腹侧被盖区"。快乐会使人身心舒适，但它也有缺点——会让人产生习惯和依赖。有些人在停药后仍然迫切想要服用药物以获得快乐，对药物产生了精神依赖性（即药物成瘾），这不禁让人联想到在"通电按钮实验"中迷失自我的老鼠。

2005 年，《神经生理学杂志》刊登了一篇有趣的论文[2]。

研究对象是刚交往不久、还处在热恋期的情侣，研究方式是观察当他们看到彼此的照片时，大脑的哪个部位会产生反应——结果正是"腹侧被盖区"。换言之，恋爱是一想到对方便会感到愉悦的状态。因此，我们也可以理解为什么会存在"恋爱成瘾"的说法。

前面的实验表明，老鼠沉迷于按下通电按钮，甚至不吃不喝。从维系生命的角度来看，饮食远比按钮重要，一个劲儿地按按钮可不能维系生命。

那么在当时，老鼠的大脑到底出现了什么变化呢？答案是"价值标准的调换"。大脑产生了超越生命的"盲目性"，强烈的"热情"让它分不清到底什么才是最重要的。不过，站在旁观者的角度来看，这就是盲目又可怕的专注力。兴奋剂成瘾也是奖赏系统受到强烈刺激所导致的，所以怎么也戒不掉。恋爱也是同样的道理，即便被旁观者奉劝"最好别和那个人交往"，当事人也会义无反顾，甚至把爱情看得比饮食还要重要。热恋中的人宁可牺牲一切，也要为爱奉献。

顺带一提，虽然药物成瘾很难摆脱，但恋爱热情却有可能突然"降温"。如果能发现它降温的机制，也许可以帮助治疗人对于兴奋剂的精神依赖。不过很可惜，人们至今尚未找到科学依据。

话说回来，最接近人类的哺乳类动物，即黑猩猩之间存在爱情吗？

在黑猩猩群体中，通常是由母亲来养育小黑猩猩的——从哺乳的层面上来看，所有的哺乳类都是由母亲来承担育儿任务的——不过它们与人类有着很大的区别，即基本上不知道谁是孩子的父亲。再比如动物园里的猴群，虽然只是一个小集体，一般也不知道谁是小猴的父亲。因此，黑猩猩是否像人类一样拥有恋爱情感呢？这非常值得商榷。也许只有人类才拥有恋爱情感，那么问题又来了，为什么人类会拥有恋爱情感呢？

恋爱是使人变得盲目的"危险因素"，人类是出于何种目的才具备这种危险因素的呢？在我看来，这多半没什么目的可言，只是偶然的现象而已。虽然只是个人之见，但这个看法也有一定的合理性。

假设将婚姻的目的简单地考虑为"为了繁衍子孙后代"，那么作为动物，人类必须尽量留下优秀的子孙后代。世界人口目前超过70亿，假设男女各占一半，那么从30多亿人中找到自己认为最优秀的基因需要耗费大量的精力。事实上，人类也不可能逐个挑选所有异性，一旦花费过多时间，就会错过人生中的最佳生育期。

图 4-2 "我的心里只有 TA ♥",这其实是腹侧被盖区在起作用。

　　为了避免发生以上情况,一个人只要迅速地爱上自己身边的最佳人选,盲目地相信"我的心里只有 TA ♥",就不用苦苦寻觅了,这样既省时又省力。腹侧被盖区发挥作用后,人会变得盲目,并陷入自我满足之中,因此可以在不怀疑"这个人是否可靠"的情况下就生儿育女,这也许是动物的一种"防御手段"。从这个冷漠的视角来看,人类所具备的恋爱情感反倒显得有些滑稽。

多巴胺的"盲目性"释放出动力

多巴胺的强大和盲目性值得大家注意。

"想涨工资，那就更加努力""想出人头地，那就更加努力""想受到表扬，那就更加努力""求知欲爆棚，那就更加努力"……以上所有的想法都可以说是为了寻求快感，与干劲和积极性密切相关。与此同时，产生快感的多巴胺一旦发挥作用，人就会变得盲目。

"会变得盲目"这一点十分关键。就算是别人眼中棘手的工作，只要当事人将其与快感画上等号，就不会觉得辛苦。说起来，人只有在一定程度上变得"愚蠢"，才能拥有希望。

沉迷于兴趣的盲目性、深陷恋爱的盲目性、朝着梦想不断前进的盲目性，以及陶醉于艺术的盲目性……被"盲目性"所麻痹的精神结构，或多或少为人类提供了动力。也许从外界看来稍显滑稽，不过有的人正是因为变得"盲目"，所以才有可能迎来巨大的转机。

第 5 章　大脑也会积攒压力
——如何缓解压力？

　　如今，人们很容易积攒压力，不少工薪阶层感慨"偶尔喝点小酒解解压吧，不然真要撑不下去了"。

　　压力不是肉眼可见的，就算口头抱怨压力很大，也很难客观地估测其程度。有些人以为自己没有压力，其实身体却承受了巨大的压力，不知不觉中患上麻烦的疾病；有些人一直在抱怨压力，却意外拥有超强的抗压能力。这是因为主观压力和体感压力存在区别。从医学的角度来看，身体在无意识中默默承受的压力比自我感知到的压力更重要。

　　身体在应对压力时，会以下丘脑、垂体和肾上腺为轴线（称作 HPA 轴）出现一系列的应激反应。这些组织结构会分泌"应激激素"，其中比较有名的是促肾上腺皮质激素（ACTH）和糖皮质激素等。它们一旦过量，就会引起肥胖、食欲不振和抑郁等症状，严重时还会损害神经元。换言之，通过测量血液中应激激素的含量，就能客观地了解身体所承受的压力水平。

基于上述观点，密歇根大学的埃布尔森（Abelson）教授在《普通精神病学文献》上发表了一篇重要的论文[1]。他做了一个特别激进的实验——给 28 名受试者注射刺激性药物以强行激活他们的 HPA 轴，直接给身体施加压力。虽然做法有些激进，但这个实验的结论具有重大意义。

毕竟是具有强烈刺激作用的药物，受试者接受注射后，应激激素会增加至正常水平的 10 倍。但是，如果事先告知受试者注射药物可能会引起哪些副作用，并在枕边准备一个按钮，且告知受试者感觉不舒服时可以自行调整注射量，那么激素的增加量竟然减少了 80%。这个结论令人震惊。

这里包含两个关键点，即"预测"和"回避"。前者指的是事先知道可能会产生的副作用，后者指的是知道难以忍受时可以随时回避。通过这两点，不仅能克服所谓环境因素引起的压力，甚至能克服药物对身体直接施加的强制性压力。以上知识能够迅速应用到日常生活中，了解一下并无害处。

接下来，针对喝酒解压的习惯，这里给大家介绍一下和歌山县立医科大学的上山敬司团队的研究成果[2]。他们在研究酒精实际的解压效果时，并没有把应激激素作为大脑对压力反应的标志物，而是把关注点放在了一个有着奇怪名称的基因上，即 zif268 基因。正常情况下，压力来袭时大脑中的 zif268 会被激活，但让老鼠摄入酒精后，发现即便施加压力，老鼠大脑皮质中的 zif268 也没有反应。这么说来，在更高级的大脑中，酒精似乎的确能缓解压力。

不过，令人震惊的是后续的实验结果。摄入酒精后，老鼠大脑皮质中的 zif268 虽没有反应，但下丘脑中的 zif268 被激活了。下丘脑的活动不会上升到意识层面，所以无法被感知，但它是 HPA 轴的枢纽，即产生身体压力的大脑部位。也就是说，摄入酒精只不过是让人产生错觉，认为压力得到了缓解，但其实身体依然在承受着压力。酒并不能在真正意义上缓解压力，大家可要注意。

 进一步解说

你可以随时逃离压力

压力是肉眼看不见的，但要研究压力就必须想办法测量压力。无法测量的话，压力就不能成为研究对象。

老鼠在承受压力时会出现胃溃疡，所以可以通过胃溃疡的数量和大小来测量"这只老鼠承受了多大的压力"。此外，通过测量血液中糖皮质激素、ACTH 等"应激激素"的浓度，也可以估算所承受的压力值。因此，有些人嘴里总是念着"我感到压力很大"，结果一测血液中的应激激素浓度，得到的数值并不大，"哎呀，其实没什么压力嘛！你太夸张了"。

有一种药叫作"五肽胃泌素"，在胃溃疡、胃炎等疾病的相关试验和诊断中有广泛应用，但是注射过量会导致应激激素增多。换言之，这是可以直接在体内制造压力的药物，说起来实在可怕。前文提到的埃布尔森教授所开展的实验，使用的就是五肽胃泌素。

给受试者注射五肽胃泌素前，在其身边设置一个按钮，并事先提醒对方："你的身体会感受到压力，当你觉得不舒服或想呕吐时，请按下手边的按钮，注射就会停止。"这样一来，对方身体中的应激激素浓度就不太会增加。也就是说，只不过是告诉对方"按下按钮，你可以随时逃离压力"，即使他没有按下按钮，压力也会得到缓解。反过来也可以说，没有退路才是真正可怕的压力。

关键不是解压，而是拥有解压的方法

人们经常说"做运动来解压""听音乐来解压"等。运动和音乐的确有助于缓解压力，而且如果我们坚定地认为"运动可以解压"，将运动看作一种精神退路，那么确实也能间接地缓解一部分压力。不过，压力一般是慢性的，因此就算运动一小时，在接下来的两三个小时还是会感受到压力。在这种意义上，又很难说运动和音乐能够真正地减压。

换言之，关键不在于能否解压，而在于是否觉得自己拥有解压的方法。而且，更关键的是"感到压力也无所谓"的态度。要是一个人对压力过分恐惧，当他真正遭受压力时就会做出过激反应，倒不如坚信"压力终究是不可避免的，所以就算感受到压力，我也能随时自我减压"比较重要。

人们常说千万别对抑郁症患者说"加油"，最好的鼓励应该是"现在感到不适的话，可以先休息一段时间"。特别是在一线工作的人，一旦突然需要请假，请假本身就会给他们带来焦虑和自卑的情绪，进而产生压力。但是，当他们能自己觉得"请假也没有关系"时，大部分人的抑郁情况就会逐渐转好。

知道退路是什么，并且知道自己可以走上退路，这两点极其重要。任何人都有退路。虽然这么说可能太露骨，但"生命的终点"可以看作绝对的退路，可以说因为我们永远都留有"生命的终点"这条退路，所以还能继续努力奋斗。人们常说"拼死努力""拼命学习"，从这个意义上来讲，死亡也是一种活着的推动力。

我解压的方法是在显微镜下观察神经元。只要给神经元提供营养，就算在培养皿中它们也能持续数月保持旺盛生长，就像学校花坛中的那些植物一样容易照顾。培养皿中的神经元仿佛无忧无虑的婴儿一般，具有旺盛的生命力。

听音乐　　　兜风

散步　　　聚餐

购物

练瑜伽　　　打高尔夫球

图 5-1　只要找到逃离压力的"退路"，减压效果就很显著。

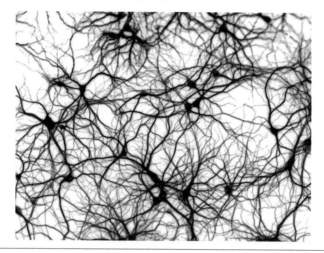

图 5-2　海马体的神经元在培养皿中能持续数月保持旺盛生长的
状态。

　　每当感到痛苦时，我就会在心里默默地向神经元倾诉：
"真羡慕你们轻轻松松就能茁壮成长，跟你们比起来，在人类
社会打拼的我太辛苦了，而且还有一大堆烦心事。"

　　这个场景相当有趣。细想一下，正因为大脑中存在神经
元细胞，我才会感到"难过"和"痛苦"。一想到这里，我便
突然释怀了，并不由自主地安慰自己："啊，原来如此。我现
在的难过并没有具体的形态，不过是神经元的化学反应而已，
是由现在在显微镜下看到的你们所产生的。这么说来，难过
也没什么大不了的嘛。"这样，我的压力便得到了缓解。

酒精不可以解压！

下面详细解释一下喝酒与解压的问题。

"应激激素"会随着血液流向大脑，所以当人感受到压力时，应激激素也会存在于大脑中，只是含量较少，所以测量起来并不容易。因此，人们一般会使用"应激基因"的表达水平作为大脑对压力反应的标志物，而非应激激素。应激基因的种类很多，上山敬司团队使用的 zif268 属于其中一种。压力到来时，大脑中的 zif268 会被激活。不过老鼠在摄入酒精后，其大脑皮质的 zif268 没有发挥作用。喝醉的老鼠能够在意识中形成一种想象，即认为自己没有感受到压力。

然而令人震惊的是，并不是大脑中的所有 zif268 都会停止活动，比如"下丘脑"这一大脑部位的 zif268 就会继续发挥作用。下丘脑是调节大脑和身体压力的重要部位。这里的 zif268 继续发挥作用，意味着老鼠在身体层面根本没有解压。也就是说，酒精可以解压的说法并不成立。

即便酒精可以解压，它对身体也毫无益处。对大脑来说滴酒不沾才是最理想的状态。话虽如此，但我酷爱喝酒，而且每天都喝，所以没有资格提醒他人"不要喝酒"。

唯一可以提醒的一点是，最糟糕的情况是明知"喝酒对身体有害"却还是继续喝酒，因为这样会给自己造成压力。

非要喝酒的话，最好抱着乐观的心态，认为"酒会麻痹大脑皮质，算是一种麻醉剂。瞧，这样就感觉轻松了吧?"毕竟舍弃无用之物的人生也会变得索然无趣。不过，这里必须要提醒大家，未成年人请勿饮酒。

大脑和地铁拥有相似的"低效结构"

我们无法从分子水平上分析酒精是如何在大脑中产生作用的，或者应该说，酒精在大脑中产生了各种各样的作用。其综合结果，就是出现了一种名为"醉酒"的特殊的精神状态。

目前已经明确的酒精对大脑造成的影响，就是"强烈抑制大脑皮质的活动"。

动物的脑在进化过程中，是从重要部位开始逐步形成和完善的。即便是鱼类和爬行类，它们的脊髓、延髓和间脑等脑的核心部位也相当发达。哺乳类等较迟出现的动物，其大脑外侧的大脑皮质也相当发达。换言之，更接近生命本质的核心部位位于脑的中央区域，非核心部位则位于脑的外侧。考虑到外伤等损伤，重要部位隐藏得更深也是很合理的。

事实上，大脑皮质位于大脑最外侧的历史背景是有些令人遗憾的，那就是"结构性低效"。大脑皮质的神经网络是形成意志或意识等高级功能的大脑部位，密集的神经网络几乎覆盖了整个"球形"大脑的外层。也就是说，创建网络时布线的距离变长了。从几何学的角度来分析，需要密集布线的部分最好分布在比较近的位置，这样有利于降低布线成本。关于这一点，可以参考计算机的集成电路板。但是，因为大脑皮质薄薄地覆盖在"脑球"表面，所以要想连接相隔较远的神经元就需要较长的布线，效率极低。

我常常会想，如果上帝真的存在，并且有计划地从零开始设计大脑，是不是就不会出现如此奇特的结构了。正因为大脑结构是在进化过程中一点一点逐步完善的，所以根本不可能从本质上得到改造。

这与东京的地铁线路有着异曲同工之妙。修建新的地铁站时需要兼顾既有地铁线路，最终大多数情况下只能继续往更深处挖掘，导致工程成本升高。地铁站建好后，乘客必须利用楼梯或扶梯通往地下深处，效率极低。但是，除非市中心遭遇巨大破坏，否则也不可能再全盘改造地铁线路。

大脑结构同样复杂而低效。有的人认为"生物是高效的，其所有结构和功能都必然具有合理性"，这种仿佛幻觉一般的说法是受到了达尔文学说的影响。"既然在优胜劣汰中生存下来了，那么我们一定是极其优秀的生物"，这种观点至今仍根深蒂固。不过，生物其实并没有那么完美。

酒精抑制了"大脑皮质"！

回到最初关于酒精的话题。酒精会严重抑制大脑皮质的活动。大脑皮质是进化过程中最新形成的部位，因此有人提出了这样的观点：脑干等脑的核心部位对生命十分重要，因此被设计得非常强大，基本不会受到酒精的刺激；与之相比，新形成的大脑皮质虽说对意识等高级功能十分重要，但在维系生命方面并不是不可或缺的存在，因此很容易被酒精等外来物质所麻痹。

当然，以上观点并不正确，酒精碰巧是会对大脑皮质产生刺激的化学物质而已。反过来说，如果有药物碰巧会对"脑干"产生刺激，那么它便是能够威胁生命安全的物质，即毒药。这类物质绝不可能会让人上瘾。酒精正是因为偶然成为能够相对有效抑制大脑皮质的物质，才会让人上瘾。人类与酒的渊源可以追溯到史前时期。细想一下，虽说是一种偶然性，但古人倒是发现了一种相当有意思的化学物质。

大脑皮质的功能之一是产生"理性"。理性的作用在于抑制本能，正是因为理性抑制了私欲等本能，人类才成了社会性动物。本能诞生于脑的核心部位，所以抑制动物本能的大脑皮质是进化过程中形成的新结构。

这个新进化的大脑皮质会被酒精所抑制。也就是说，酒精会抑制理性。每个人的性格都稍有不同，有的人一喝酒就笑，有的人一喝酒就哭，其实这就相当于酒精释放了这些人隐藏的本能或本性。当然，我们不能简单地将某人醉酒后展现的性格与他的真实面目画上等号，但无论如何，如果将酒精这种化学物质视作一种会抑制大脑皮质活动的脑科学研究工具，我们就能发现它也有有趣的一面。

第6章 大脑也会突然忘记
——如何应对"突然忘记"？

应该所有人都有过"突然忘记"的经历吧？这不仅会对工作造成困扰，还会引起心理上的不悦。频繁地突然忘记，甚至会让人陷入自我厌弃的情绪，感觉自己"真的老了"。

爱丁堡大学的认知神经科学家莫里斯（Morris）博士在《科学公共图书馆·生物学》杂志上发表了一篇颇有意思、让人不由自主想要去阅读的论文，题目叫作《找回丢失的空间记忆》[1]。

莫里斯博士也是一位脑科学家，因发明了以老鼠为实验对象的记忆实验法"水迷宫"而广为人知[2]。刚才提到的那篇论文中也利用了水迷宫实验，即将老鼠放入一个水池，让它记住能够避开水的逃生平台的位置。

莫里斯博士对刚刚通过反复训练记住了逃生平台位置的老鼠进行脑部手术，局部破坏其海马体。结果，老鼠便无法回忆起逃生平台的位置了。这一过程即所谓的"人为遗忘"。

这个手术在脑科学研究者间广为人知，而论文最精彩的部分要数其后半部分的新发现——丢失了记忆的老鼠在进行新的水迷宫实验时，竟然逐渐找回了之前的记忆。也就是说，老鼠以输入新信息为契机，重新找回了丢失的记忆。

找回记忆的契机被莫里斯博士称为启动（priming）。大多数"突然忘记"的记忆可以通过启动重新找回。

关键问题在于什么样的契机最合适呢？通过前面的老鼠实验可知，一般来说最适合成为启动的是"制造与突然忘记前相似的情况"。

比如你进入隔壁房间后，突然想不起来自己是来拿什么或者做什么的（我经常出现这种情况）。此时，不要继续留在房间里使劲回想"我到底是来做什么的"，而是回到原来的房间并环顾周围的情况，这样才最有可能找回刚才的记忆。

另外，突然忘记并非成年人大脑特有的现象。人之所以感觉长大后更容易突然忘记，是因为大家普遍相信"人上了年纪以后，记忆力就会衰退"。大家如果仔细观察身边的孩子，就会发现他们也会频繁地突然忘记。甚至有统计表明，小孩子反而更容易突然忘记，比如忘记把东西放在哪儿了或者忘记自己要做的事情等。不过，小孩子并不会把这些放在心上，但成年人会因为"老了"而感到沮丧，还有一些人是为了逃避现实，才将原因归咎于自己"老了"。

在因为突然忘记而感到气馁之前，希望大家记住，小孩子和成年人在过往人生中积累的记忆数量存在很大的区别。

从一百个记忆中寻找一个目标记忆，与从一万个记忆中搜索一个目标记忆，无论从精力上还是时间上来说，两者间都存在明显的差异。成年人的大脑中装着大量记忆，因此没办法像小孩子那样顺畅地回忆过往。这是容量变大以后的大脑无法逃避的宿命。碰到突然忘记的状况时，大家不妨乐观地认为"我的大脑中装满了知识"，这才是健康的心态。

 进一步解说

突然忘记并非真的忘记

如果从数量上对比"随时都能想起的记忆"和"有时会突然忘记的记忆"，那么大家会发现其实突然忘记的情况要少得多。我们能聊自己喜欢的艺人或偶像，可以谈论食物和运动，也知道如何走路和扣扣子……储存在大脑中的记忆是如此地数量庞大，而我们在生活中却可以运用自如。与那些庞大的信息量相比，偶尔想不起某个人的名字这类"突然忘记"的情况在数量上显得有些微不足道。因此，大家如果偶尔忘记了什么事情，也没必要感到沮丧，不如将目光转向自己那个能够灵活运用庞大信息量的优秀的大脑，感叹一声"哇，你真厉害呀"。这才是健康、正确的心态。

图 6-1　嗯? 我回家是为了做什么来着?

任何人都会突然忘记。我们的大脑常常会发生"神经振荡"。关于这一点，我将在第 11 章"大脑也会说谎"中具体展开说明，这里只简单提一下。神经振荡的时机如果不对，那么我们被问及名字时就会回答不上来，时机对的话，就能立刻答出来。所谓的"突然忘记"其实就是这么一回事儿。

突然忘记并非真的忘记。

当我们苦恼"那个人叫什么来着？突然想不起来了"时，如果听到别人回答"是 × × 吧?"，立刻就能判断出听到的名字是否正确。明明处于不知道那个人叫什么名字的状况中，但又心知肚明"正确答案是什么"，这是一个非常奇妙的现象。我们的大脑中就像同时存在相互矛盾的两个人，一个寻求答案，一个知道答案。

大脑的神奇功能——回忆

细想一下，"回忆"本身就是一个神奇的行为。比如，当我们想要回忆起江户幕府的第一代将军叫什么名字时，我们会从储存在大脑中的包含了家人、亲戚、朋友、名人等数量庞大的人的姓名清单中瞬间搜索出"德川家康"。而且，一旦发现"德川家康"这个名字，大脑就会自动停止搜索。为什么我们会知道自己正在搜索的是"德川家康"呢? 明明是因为不知道答案才去搜索的，当发现德川家康时，为什么就能断定"这就是答案"呢？

我们在计算机上通过搜索引擎搜索带有××关键字的网址时，计算机会准确地提供答案。也就是说，计算机是先知道答案再进行搜索的，这种操作很容易。但是，大脑搜索的是未知的答案。这让人越发觉得大脑的回忆功能非常神奇，而且速度快得惊人，完全不输于计算机上的搜索引擎。

突然忘记时死活说不出答案，但又明确地知道正确答案是什么——大家不觉得这种自相矛盾的结构很神奇吗？在我看来，突然忘记什么时真的没必要唉声叹气，不如去享受大脑这种神奇的结构，而且还可以将整个过程视为一种"记忆唤起游戏"，带着玩游戏的心情去回忆突然忘记的过程。当你想尽办法终于回忆起来忘记的内容时，就会感到莫名的开心。

解决突然忘记的方法：制造相似的情况

有个妙招可以帮我们回忆起突然忘记的事情，那就是"制造相似的情况"。前文也提到过，当我们碰到"嗯？我来这个房间是要干什么来着？"的情况时，最好能回到原来的房间，环顾四周的环境，这样便更容易想起来自己的目的。这是一个具有普遍性的方法，适用于所有人。

发明水迷宫实验的莫里斯博士所运用的"启动"也是制造相似的情况。如果我们一时想不起某个演员的名字，只要尽量罗列这个演员参演的电影或合作演员的名字，就可以不断地从相关信息的外围接近核心。

另外，如果能根据具体情况形成一套适合自己的回忆策略，便能更快速地解决"突然忘记"的问题。比如我，当我突然想不起某个人的名字时，我会先找出"名字是四个字"或"印象中姓的第一个字应该是'池'"等线索，接着再根据这些线索逐步尝试，比如像"池田""池谷""池谷一""池谷裕一"这样逐个进行组合，试着把"池谷裕二"这个名字拼凑出来。当然，具体事情要具体分析，但不断积累这种随机应变的策略，"突然忘记"便也没什么可怕的了。

"健忘症"只是不能唤起记忆

像突然忘记这样的"健忘症"指的是不能唤起记忆的情况。这种情况说到底只是想不起来而已，如果记忆真的从大脑中彻底消失了，那么就属于疾病的范畴了，即"失智"。健忘症中有一种情况叫作"酒精性遗忘综合征"，是指过度饮酒导致记忆丧失的情况。说到底它还是属于健忘症，没有酒精性失智的说法，等体内的酒精成分代谢完以后就会恢复正常。

正如字面所示，"健忘"或许也可以理解成"健康地忘记"。

"突然忘记"是健康的证明，我们的记忆还完好无损地保留在大脑中。既然如此，健忘又何妨？突然忘记又何妨？完全不需要担心。

第7章　大脑也会找借口
——"自我维护"本能与"学习速度"

据说，很多人在知道自己死期将至时，会回顾自己的过往人生，并发出感叹："我这一辈子很幸福。"

自己的人生真的过得比别人充实吗？还是纯粹在表达感激呢？或者只是单纯为了照顾周围人的情绪？这句话的本意我们不得而知。如果突然面临死亡，又被别人问道"你的人生有遗憾吗?"，你又会作何回答呢？

其实，就算没有遇到如此极端的情况，我们也常常有机会对过去的决定和行为进行自我评价。人类在这种时候所具有的独特的心理活动，已经通过近期的研究变得逐渐清晰。在对这一点展开说明前，我先来解释一下什么是"变化盲"。正如字面所示，变化盲是指"觉察不到变化"的现象。

请大家想象一下客人在酒店前台办理入住手续时的情景。客人因为被要求填写住宿人员信息，所以接过笔后就开始埋头书写。此时，如果趁着客人不注意，将接待人员换成另一个人，结果会怎么样呢？客人填完信息，抬头将单子递给新的接待员时，他会注意对面已经换人了吗？实验结果显示，几乎没有人会注意到这个变化。感兴趣的读者可以在YouTube网站上搜索"change blindness"（变化盲）以观看整个实验过程，看完你们就会发现受试者注意不到变化的程度有多惊人。

我们默认在"不会突然换人"的前提下生活，先入为主的观念导致人很难察觉眼前实际发生的变化。变化盲的影响极深，很多情况下甚至连女性换成了男性都没人察觉。

隆德大学的认知科学家霍尔（Hall）博士发表在《科学》杂志上的论文改进了变化盲实验[1]。他向120名受试者展示两位女性的照片，让他们选出哪位女性更有魅力。在实验中，实验人员与受试者隔着桌子相对而坐，实验人员双手各展示一张照片，受试者则从两张照片中选出自己心仪的女性。接着，实验人员将两张照片正面朝下放在桌子上，将被受试者选中的照片向前推给对方。事实上，该实验人员是一位厉害的魔术师，他在推给对方照片前，已经利用巧妙的手法将两张照片互换了。结果，竟有80%的人没有察觉到照片中的女性根本不是自己所挑选的那一位。这正是变化盲的现象。无论照片中的两位女性长相是否相似，80%这一数值几乎没有改变。

实验人员向对方询问"选择她的理由是什么"后，又发现了更为惊人的事实。受试者选择的理由各式各样、因人而异，比如"因为她在笑""我喜欢她的耳环"等。但是，每个人描述的都是自己所拿到的照片中的女性的特点，他们原本选择的女性根本没有笑，或者没有戴耳环等。之所以会有那些奇妙的发言，是因为他们有一个试图编造选择理由（即便是马后炮也无所谓）的潜意识。

这种心理作用看似非常滑稽，但类似的情况经常出现在我们的日常生活中。比如某个人在购物时碰到两件很喜欢的衣服，如果因为价格很贵他只能买其中一件，那么他在买完之后，就会使劲找理由证明自己"当时的选择是正确的"，比如自己为什么喜欢这件衣服，或者没买的那件衣服存在什么缺点等。特别是做出重大决定以后，比如结婚或巨额合同的谈判等，人们就会开始寻找头头是道的"借口"，坚信自己"不会后悔"。据说资深的销售很擅长利用客户的这种心理。

既然讨厌后悔是人类的本性，那么当生命即将走向终点时，或许我也能盲目地相信"我这一辈子很幸福"吧。而且，最新的心理实验数据也告诉我们，人正是因为相信这一点，才能够拥有真正幸福的人生。

进一步解说

"自我维护"的本能在不知不觉中发挥作用

人之所以察觉不到变化，是因为在无意识中坚信某些东西不会改变。这种"自我维护"能够让自己的存在随着时间的流逝保持在稳定状态，进而防止自我崩塌。这一功能也就是人所谓的"体内平衡"的本能。

换言之，"变化盲"对维持人的心理状态具有干预作用。

被别人抱怨"你怎么没发现我换了发型"时，如果非要找借口，那也只能回答"我的大脑察觉不到，这也没办法"。

前文中提到过的那篇发表在《科学》杂志上的论文，更深入地研究了大脑的上述性质，并发现了一个新现象。这个新现象被研究人员命名为"选择盲"，指的是"察觉不到自己选择了什么"。比如在超市里，即使收银员更换了购物篮中的商品，顾客也没有察觉到。明明是自己挑选的商品，却完全没有发现被换掉了，与只是没有发现别人换了发型的"变化盲"相比，在这种"选择盲"的现象背后，先入为主的心理更加根深蒂固。

另外，论文中的案例表明，人有一个奇怪的毛病——即便是事后找理由，也要将自己的选择合理化。

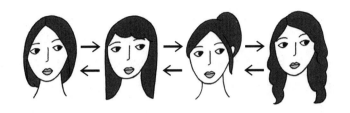

图 7-1 "她"无论如何改变，都还是原来的她。

　　比如在会议上被询问意见时，如果自己陈述完以后突然出现了反对意见，人们一般不会轻易改变自己的想法，认为"反对意见可能比自己的更好"，而是会据理力争，坚持"自己的意见更好"。心理学研究早已注意到了这种现象。

　　人之所以不会马上放弃自己提出的意见，并不是出于"虚荣"或"固执"等表层心理，比如不想让别人觉得"那家伙真没用"或"他自己没有主见吗"之类的，而是因为人存在"自我维护"的本能。

　　大家扪心自问，应该都有过类似的经历吧？一个人如果性格较为极端，就会让别人觉得"那家伙真固执"。与其说争强好胜的人是打心底里喜欢争论，倒不如说他们没办法轻易改变自己的意见，所以与他们争论多是白费功夫。法国思想家约瑟夫·儒贝尔有句名言：那些从不愿收回自己意见的人，爱自己胜过爱真理。

找借口的本质在于寻求自我维护、体内平衡的本能，轻易听信他人的信息或意见等同于自我崩塌。

人有时候爱图个好兆头，成功一次以后会忍不住想再来一次，这也属于体内平衡的一种。有些人在考试时会专门使用上次取得好成绩时使用过的那支笔，就是源于这种心理。再比如，有些选民在投票时，如果没有发现对政策特别有想法的候选人，就会产生"不如再投给上次当选的人"的想法。如此一来，新的候选人就很难当选。

人很难摆脱"满足现状"的心理，即便对公司或上司心怀不满，大多数人也会觉得"……既然如此，就算了吧"。不过嘛，这也是公司能存在的原因之一。

灵活的记忆和呆板的记忆

自我维护的本能在学习上发挥着重要的作用。人在学东西时，学习的速度十分关键。大家也许会对此感到意外，但事实上，学习不能操之过急。

我有时会利用计算机制作"神经回路模型"，开展让计算机进行学习的实验。假设现在我们要设计一个自动识别（字母）文字 a 的算法（即解决问题的流程）。最简单的方法是向计算机展示形态最理想，也就是最具有代表性的 a，并让计算机记住这个 a 的写法。因此，我们只需编写一个这样的程序即可。

但是，日常生活中存在各式各样的 a。有端正的 a、潦草的 a，有那个人写的 a，还有这个人写的 a。它们每一个都是 a，而计算机必须识别出这些千差万别的 a。也就是说，我们必须要提取出不同形式的 a 之间存在的共同特征。

除了"特征提取"以外，"识别"本身也非常重要。世界上不止有 a 这一个文字，仅仅选出 a 的具体特征是远远不够的，因为还有许多与 a 形状类似的文字，比如 o、d、α 等。

因此，我们要向计算机提供足够多的"属于 a 的文字"和"不属于 a 的文字"，以便让它记住"属于 a 的文字"所具有的普遍规律。在此，我们就不讨论算法的细节了，但其中最关键的部分还是"学习的速度"。

学习速度太慢的话当然不行，如果需要花费大量时间才能记住，那么效率就太低了。学习速度太快的话又会导致计算机不能熟练地掌握 a，因为"刚刚"看过的那个 a 会留下深刻的印象。

如果计算机适应太快，马上就可以牢牢记住刚刚看过的那个 a，那么下一个出现的 a 在形式上稍作改变，计算机就识别不出来了。因为在计算机看来，刚刚看过的那个 a 才是真正的 a。本来计算机就已经很困扰了，如果此时再让它重新记住"现在看到的这个 a 是 a"，那么它又会理解成这个重新记住的 a 才是 a，最终导致前面出现的 a 都无法被识别。

听起来有些复杂，但总而言之，就是学习速度太快会造成计算机学到的内容只浮于表面，不能接近 a 的"本质"，即便好不容易记住了，记住的也不过是呆板的碎片知识。这种状态称作"过拟合"或者"过训练"。

这样看来，在学习过程中，重要的是对看到的事物和感知到的事物进行泛化，不受表面信息的干扰。要想达到这一目的，就要放慢学习的速度。只有慢慢去记忆，才能发现事物内部共通的根本规律。

换言之，我们即便在学习时不断抱怨"记不住"，也没有任何办法，因为我们大脑的结构本就如此。人们常说小孩子学东西很快，但是比起小时候准确、快速的记忆力，成年人富有灵活性的记忆能力才更实用，或者说实用价值更高。

成年人的记忆特点表明，从广义上来说，大脑不易受到表面信息干扰的特质也可以看作一种"自我维护"或"体内平衡"的本能。

在试着用计算机重现大脑运行机制时，我们意外发现，即便是生活中那些习以为常的行为，也是需要由高度复杂的信息处理来支持的。这正是计算神经科学的精髓之一。

第 8 章　大脑也会变聪明
——什么决定了大脑是否聪明？

2003 年底，英国学术期刊《自然》杂志在其网页版中发表了一篇文章，突出报道在过去一年中向难题发起挑战的七位科学家[1]。在脑科学领域，美国心理学家马泽尔（Matzel）博士榜上有名。他于同年 7 月在《神经科学杂志》上发表的论文备受好评，该研究关注的是老鼠在智力上的个体差异[2]。

我们在日常生活中能清楚地认识到人与人之间存在脑力差异，比如聪明或愚钝，记性好或记性差……不过，这种个体差异不仅限于人类。我曾多次利用老鼠进行迷宫测试的实验。在实验过程中我发现，对于某个任务，一个集体中必然会存在"能完成的老鼠"和"完不成的老鼠"。更有趣的是，能完成的老鼠不管参加何种测试，平均表现都很不错。马泽尔博士获奖的研究所调查的，就是这种现象的具体原因。

马泽尔博士表示，这种不管做什么都能完成得不错的能力，大约在 50% 的程度上决定了个体能否顺利完成工作。因此，对于这类人，只需进行一次考试，多半就能估算出他们在其他考试中的成绩。看起来，一个人的工作能力似乎是早就决定好了的。

话说回来，到底是什么决定了大脑是否聪明呢？如果可以解决这个问题，那么"变成工作能力强的人"也许将不再是梦。针对这一问题，马泽尔博士指出，一个人的智力与他的"行动力"（灵活变通的程度）和"体重"等无关，"好奇心"和"注意力"才是重要的因素。任何工作都能够胜任的人，据说一般都具有很高的"专注力"。

坎德尔（Kandel）博士以海马体为研究对象、发表在《神经元》杂志上的论文阐述了专注力与大脑的关系[3]。海马体是决定记忆力的关键部位。人们在海马体中发现了大量能对特定事物做出反应的神经元，其中最有名的是对"位置"反应活跃的神经元，它们对于记住自己的所在位置非常重要。坎德尔博士发现这类神经的反应性会受到专注力的强烈影响。

当我们第一次到访某地时，越是仔细地观察周边的环境，越能激活海马体的神经元，而且这种活动模式会长期储存在海马体中。同时，坎德尔博士的论文还明确指出，储存在海马体中的固定模式很容易被唤起。换言之，我们大脑的"规格"，是可以通过好奇心和注意力来提升的。

进一步解说

决定记忆力好坏的"七大基因"

　　大脑存在差异吗？这个问题不好回答，不过说白了它的确"因人而异"。

　　2006年，《美国科学院院刊》上刊登的一篇论文[4]让我受到了巨大的冲击。该论文对数百人的记忆力进行了调查。正如记忆力不佳的我在日常生活中也能深刻感受到的那样，人们的记忆力有好有坏。另外，所有参与调查的对象都被抽血并检测了DNA，以便实验人员对他们的基因开展全面分析。

　　基因存在"遗传多态性"。即便是功能相同的基因，其DNA序列也会因人而稍显不同。因此，分子的功效也随之出现差异。比如有些人酒量大，有些人酒量小。这就是遗传多态性的典型例子，因为分解乙醛的乙醛脱氢酶，其活动效应因人而异。这是由基因决定的。

　　基因组合存在各式各样的模式。该论文研究的是"记忆基因"，寻找与前面记忆力调查的结果具有高度关联的基因，不过实际上总共才发现七个。据说拥有这类基因的人记忆力更好，而缺少这类基因的人记忆力不太好。换言之，如果自婴儿一出生就对其DNA进行检测，那么就能明确得知这个孩子在长大后记忆力好不好了。这个结论让人感到毛骨悚然，因为听起来就好像将来无论是高考还是求职，都有可能不需要进行传统的考试了，只需提供血液便可。

但是，基因能在多大程度上决定一个人的能力是一个非常模糊的问题，至今尚无定论。前面提到的"七大基因"在某种程度上的确能决定记忆力的好坏，但这并不代表记忆力全部由这七个基因决定。论文还指出，另外还有数十个基因与记忆力有关。

另外，论文中也明确提到，就算人们找到了与记忆力相关的所有基因，也做不到对记忆力了如指掌。这是因为，记忆力必然也与环境因素有关。至于基因与环境的作用分别占比多少，目前也不得而知。有些人认为是"五五开"，有些人则认为"大约有八成是由基因决定的，只有两成靠努力能够改变"。连专家们都没有达成一致、存在很大的分歧，是不是反过来也说明了基因的作用并没有那么强？因为记忆力全部由基因来决定的话，二者之间的关联性应该更加一目了然，科学家之间也不会出现意见分歧才对。

"绝对音感"也由基因决定吗？

日本公认的棒球天才铃木一郎肯定拥有强大的基因吧？

但是，仅靠优秀的基因，他是不可能取得如此优异的成绩的。除了有幸遇到教导有方的父母或教练以外，最重要的还是他自身的努力。

关于天赋有个简单易懂的例子，那就是"绝对音感"。

据说，一个人除非在上小学前就已经掌握绝对音感，否则基本上一辈子都掌握不了。一方面，幼儿园的小朋友不太可能会主动向父母提出想要练习视唱（使用 do、re、mi 等唱名唱出旋律），因此对于能否拥有绝对音感来说，起到重要作用的是父母或周围其他人的引导和教学，即环境因素。

另一方面，非常遗憾，绝对音感也不是只要通过训练，无论是谁都能掌握的能力。能否掌握绝对音感貌似完全取决于基因，至少有脑科学研究者提出了类似的观点[5]。

倘若天赋在某种程度上由基因决定，那我们也无能为力。如果挑战某事时发现自己"没有这方面的天赋"，那么就果断放弃，这也不失为一个好方法。

比如我很喜欢运动，不过也只限于喜欢而已，练了也不会有很大进步。既然我没有运动天赋（擅长运动的基因），还不如果断放弃，将精力和时间用在稍微有点天赋的事情上，毕竟人的一生时间有限。至少对我而言，透彻领悟到"天赋在某方面也由基因决定"也是人生的一大幸事。

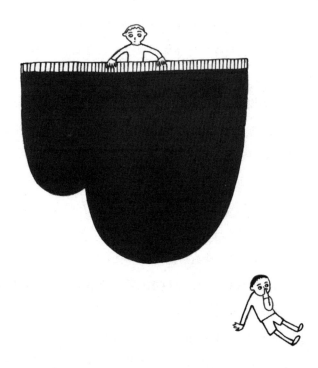

图 8-1　基因真奇妙，比如"绝对音感"便与之相关。

让人有热情的"着迷基因"

一个人即便拥有好基因，比如天生拥有掌握绝对音感的能力，如果不接受训练的话也无法掌握。事实表明，不是拥有好基因就万事大吉了。

对于双语能力或绝对音感等，父母的教育理念和生活环境比个人的意愿和上进心更为重要，但记忆力并非如此，主要还是靠长大后个人的努力。个人的进取心、专注力和忍耐力比天生记忆力的好坏更为重要。

IQ 测试创始人之一的比奈（Binet）认为，人的能力包含几大重要因素，其中一个便是热情，即"热衷做某事的能力"。

我认为，不管大脑是否天生拥有超强的记忆力或计算能力，人归根结底还得靠进取心和专注力。这样一来，问题就变成了"进取心从何而来"。

有些人认为进取心也由基因决定。科学家的观点层出不穷，不过大家观察周围就会发现，当看到或听到某件事时，有些人会冷眼旁观："嗯，所以呢？这有什么新奇的？"有些人则热情洋溢："呀，太有意思了！后来怎么样了？"那么，性格迥然会不会也源于基因的差异呢？

如果真是如此，那我认为相比记性好、精明或聪明之类的，拥有让人产生兴趣和热情的"着迷基因"更为重要。这样说来，正在读这本书的读者们，至少是已经读到这部分内容的读者们，在"恒心"上肯定拥有非常优秀的基因。

　　不管怎样，关于基因与能力或性格的研究在科学上尚无定论。因此在目前阶段，我认为没必要太过在意这方面。

第9章　大脑也会有错觉
——人和动物为何都以"红色"取胜？

"忧思逢苦雨，人世叹徒然。春色无暇赏，奈何花已残。"[①]——自古以来，人们对"色"这个词的感受早已超越了其本质"光"这一物理基础，不仅丰富细腻，而且余韵绵长。

2005 年的《自然》杂志上刊登了一篇仅有一页的论文，文中清晰地阐述了色彩对人类心理产生的影响[1]。这篇论文是杜伦大学的进化人类学家希尔（Hill）博士的研究成果，用一句话来概括其内容的话，就是"红色能提高比赛的获胜率"。

在拳击或摔跤等格斗竞技项目中，选手的服装和护具一般会根据所属队伍分成红色和蓝色。在我们外行人看来，穿红色服装参赛和穿蓝色服装参赛的获胜率应该是一致的。不过，希尔博士仔细调查了 2004 年雅典奥运会四项格斗竞技项目的比赛结果，发现在每一项比赛中，穿红色服装的选手的

---

① 出自《小仓百人一首》，刘德润译。——编者注

获胜率都会更高。他们的平均获胜率达到 55%，竟然比蓝方选手的高了 10%，而且特意分析了选手实力旗鼓相当的比赛后，还发现红方和蓝方的获胜率甚至能相差 20%。

接着，希尔博士将研究范围扩大至足球比赛，分析了欧洲杯的比赛数据。他着眼于同时拥有红色球服和其他颜色球服的五支足球队，发现他们穿红色球服参加比赛时的得分率会更高。

有一门学科叫作"色彩心理学"，主要研究色彩对于人的行为或思维产生的影响。红色象征似火热情，蓝色象征多愁善感，这种倾向已成为一种普遍看法。的确，在自然界，红色与血液或火焰的颜色一样，对其特殊看待的并不是只有人类而已。在灵长类、鸟类和鱼类中，有不少品种会通过改变部分身体的颜色，来提高自己的攻击性或对异性的吸引力。在大多数情况下，它们会选择红色。

有一种鸟叫作斑胸草雀，外形与爪哇禾雀极为相似。在以斑胸草雀为对象的研究中，有一项来自布里斯托大学卡西尔（Cuthill）博士的研究非常有趣[2]。卡西尔在实验中观察到，给鸟佩戴红色脚环后，其捕食量比佩戴脚环之前增多了。也就是说，在鸟类中也看到了体育运动员的比赛服现象。希尔博士推测，红色或许能在无意识中起到威慑对手、给自己创造有利条件的作用。说起来，人生气时的"面红耳赤"没准也是具有相似意义的行为。

我们再来看看前面的那首和歌。它的作者是被誉为绝世美女的小野小町，她将自己日渐衰老的容颜投射在转瞬即逝的樱花中，创作了这首广为人知的名作。说起容颜，某化妆品公司正在销售一款利用了红光反射原理的粉底。因为红色的光能直达肌肤深处，让皮肤问题更明显，所以通过粉底提高红色的反射率，就能起到遮掩皱纹和毛孔的效果。换言之，美貌也可以靠红色取胜。也许，红色也是你的幸运色呢。

 进一步解说

人类的肉眼只能看到"红""绿""蓝"三原色

正如日语中存在"美色""女色"等词语，对日本人而言，"色"这个字并不单纯指代肉眼可见的物理光波特性，同时也包含某些情感。

不过，生物学意义上的"色"还是指肉眼可以感知的光（可见光）在大脑中产生的视觉效果。人类的肉眼只能看到"红"（R）、"绿"（G）、"蓝"（B）三原色，它们之间的随机搭配又让我们认识了紫、橙等各种中间色。

从物理学上说，光，也就是电磁波的涵盖范围甚广，包括从短波到长波。不过，人类能够感知的波长极为有限，而且一般只有特定的三点（三色）。尽管如此，我们的视觉世界依旧五彩斑斓，因此也可以联想到实际的光学世界会更加丰富多彩。

日语中存在"青"和"绿"两个词，我偶尔会思考，它们到底如何区分呢？"青叶映入目"中的"青叶"，其实不是蓝叶，而是绿叶。交通信号灯中的"青信号"（绿灯的日语说法）也不是蓝灯，而是绿灯。如上所述，日本人一直不怎么区分青和绿。那么，这是不是意味着日本人不太重视色彩呢？事实绝非如此。

日语中有许多利用比喻手法来表示色彩的词，比如黄莺色、水色和山吹色等。

日语中不存在与英语中的 pink 相对应的词，因此直接用片假名ピンク（发音同 pinku）来表示粉色。日语中的"桃色""樱色"和"薄红色"等，都是借用实际事物创造出的表示色彩的词。如此命名的词语之所以大量存在，也许是源自于日本人特有的感性。

日本人自古以来就十分重视色彩，这一点从"袭色目"[①]的存在就可见一斑——人们还会专门给颜色的组合起名字。比如多种颜色叠穿的"十二单"，其颜色组合都有固定的叫法：这两种颜色搭配在一起叫作"青朽叶"，那两种颜色搭配在一起就叫"木兰"……古人一般会参照"袭色目"，即教科

---

① 穿多层衣物时不同的配色目录。该词源于日本传统女性服饰"十二单"。十二单是从平安时代开始日本公家贵族女性穿的朝服，按照不同的季节、场合和穿着人的身份有不同的颜色搭配。——编者注

书般具有代表性的颜色组合目录来搭配服饰的颜色。将"整体印象"视作一种色彩，即不仅要考虑单独的某种颜色，还要考虑各种颜色搭配在一起时所呈现的综合效果，这是一个独特的习惯，也是日本人引以为傲的感性。

动物眼中的色彩

下面，我来讲一讲斗牛士使用的红布。据说牛之所以会主动进攻，是因为它们看到红色时会感到兴奋。不过，也有一些科普书在记录杂七杂八的小知识时提到"牛是色盲，所以斗牛的那块红布其实没什么意义"。当然，事实并非如此。牛是能看到颜色的，不过人们研究牛的视网膜后发现，牛只能看到绿色和橙色两种颜色[3]。那么，牛到底能不能看到红色呢？答案是，牛能看到红色的布，但这里所说的红色不是人类认为的那种"红色"。

人能看到红、绿、蓝，即 R、G、B 三原色。不过人眼识别的不是原有的真实色彩，而是经过视觉补正后呈现出来的色彩。光的波长与人们脑海中呈现的色彩基本上不存在太大的联系，人们只是自以为是地认为某段波长是某种颜色而已。这一点在利用了色彩错觉的错觉艺术（trick art）中就有迹可循。

哪块年轮蛋糕更大？

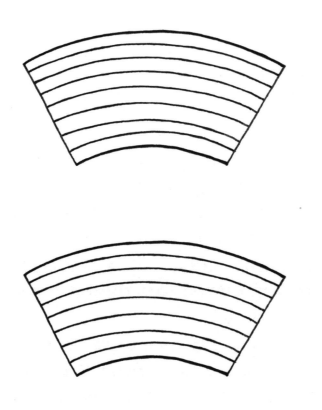

图 9-1　下面的年轮蛋糕看起来更大，但其实两块蛋糕一样大（贾斯特罗错觉）。

哪枚花蕊更大？

图 9-2　左边的花蕊看起来更大，但其实两枚花蕊一样大。小花
　　　　瓣显得花蕊大，大花瓣显得花蕊小，这是一种错觉（艾
　　　　宾浩斯错觉）。

穿蓝色柔道服时的胜率要高于白色柔道服？！

从古至今，全世界都在研究色彩会对人的心理产生什么样的影响，因此出现了一个名为"色彩心理学"的研究领域。

关于色彩在心理学中的应用，快餐店便是一个典型例子。

快餐店刚出现的时候，店内装潢大多使用红色。红色会让人联想到肉和血，所以饥饿的人看到红色后食欲会被激发，从而不由自主地走进店里。但是，吃饱的人一旦看到能联想到肉和血的红色时，反而会感到恶心，于是就会快速离开店内。这样一来，快餐店的翻台率就提高了。不过，现在的餐厅非常重视作为品牌形象的"舒适感"，所以店内装潢使用鲜红色的餐厅比以前少了。

就在这个时候，前文中提到的希尔博士的那篇论文发表了。在某种意义上，这篇论文的内容极具冲击性。

论文的主要内容表明，在拳击或摔跤等格斗竞技项目中，穿红色参赛服比穿蓝色参赛服的胜率更高，所以红色能起到威慑对手的作用。不过在该论文发表五个月之后，就有论文对其进行了反驳，认为"红色能威慑对手的说法言过其实"[4]。

比如，柔道服的颜色就不是分成红色和蓝色，而是分成白色和蓝色的。在日本人眼里，柔道服的传统颜色是白色，所以熟悉的白色会给人一种竞争力更强的印象。事实上，据统计显示，选手穿蓝色柔道服时的胜率更高。也就是说，反驳的观点认为色彩确实存在优劣势，但白色与蓝色相比时蓝色更厉害，所以不能断定只有红色是"厉害的颜色"。

而且，如果深入思考蓝色为什么会比白色厉害，也会觉得非常不可思议。

按理说，白色是能让物体的视觉效果变大的膨胀色。相同体型的人穿上白色时，体型会显得更壮，而蓝色的英语是blue，是象征忧郁和性感的颜色，甚至有种说法叫"蓝色心情"，所以蓝色给人的印象并不太厉害。但是，比赛结果却显示蓝色比白色更厉害。那么，蓝色在心理学上具有什么作用呢？这个问题让人产生了浓厚的兴趣。

还有一个鲜为人知的例子，即围棋的白棋和黑棋。两者之间哪个更厉害呢？

在围棋中，段位高的棋手技艺更高，执白棋，因此只看胜率的话还是白色更厉害。不过，如果执白还是执黑是随机决定的话，哪个更厉害呢？如果白色具有更强的色彩心理效应，同时还规定技艺更高的棋手执白棋，那么想要赢段位高的棋手就越发困难了。若有机会，我想围绕这些问题开展研究。

为什么孔雀的羽毛是五颜六色的？

许多动物会利用色彩来炫耀自己。

绝大多数的鸟类和昆虫能看见颜色，所以会用鲜艳的颜色来展示自己，以吸引异性。花朵的颜色鲜艳美丽，也是同样的道理。

其中让我感到不可思议的，是孔雀的羽毛。从胚胎学的角度分析，孔雀羽毛的花纹是如何产生的呢？

请大家将自己想象成一根羽毛，或是羽毛中的一根细毛。作为构成花纹的一员，自己是如何得知自己的任务的呢？比如必须变成蓝色的细毛或变成黄色的细毛。每一根细毛的颜色相互交映，整体上呈现华丽的花纹，这又是如何做到的呢？这种自组织（自发形成复杂结构）的过程，从科学的角度分析也是有趣的案例[5]。顺便说一句，鸟类和哺乳类体内存在的色素是黑色素，即只有橙色系和黑色系的色素。其他所有的鲜艳颜色都是由表面结构引起光的微反射，最终形成了细腻的颜色。

生物为了吸引异性真是费尽心思，或者说，能吸引到异性的个体才能存活至今。

第 10 章　大脑也会有期待
——大脑"做选择"时的偏好

"如果不采取措施的话，你估计活不过一年，现在必须马上做手术。"——接受手术能让你恢复健康、延长寿命，但该手术的成功率仅有 30%，一旦失败将必死无疑，那么你会接受手术吗？

即便不是如此悲惨的情况，我们生活中也充满了许多不确定因素带来的风险。从买卖股票、选择方案等商务风险，到早起排队购买限量商品、学做新菜式等日常风险，我们的决策行为都是在一种与期待值有关的平衡中做出的。

接下来设想一个简单的游戏。假设存在 A 和 B 两个选项，选 A 肯定能获得 50 日元[①]，选 B 的话，有 50% 的概率获得 200 日元，有 50% 的概率什么都得不到。而且，总共只有一次选择的机会。那么，大家会如何选择呢？应该大多数人会选 B。从数学的角度来看，B 的平均期待奖金有 100 元，所以选 B

[①]　100 日元约合 5 元人民币（2022 年 5 月）。——编者注

才是上策。

　　不过，当金额变高后，情况会截然不同。假设选 A 能获得 50 亿日元，选 B 有 50% 的概率获得 200 亿日元，有 50% 的概率获得 0 日元，那么结果又将如何呢？尽管 B 的期待金额更高，但选 A 的人应该更多。在经济学中，这种现象可以解释为"A 的'预期效用'更高"。报酬与其效果几乎呈对数函数的关系，因此金额越高，心理上就越重视安全性。

　　《自然 – 神经科学》杂志刊登了杜克大学普拉特（Platt）博士关于风险的研究 [1]，内容颇为有趣。普拉特博士的实验对象不是人而是猴子，他希望以此探索生物在应对风险时的本质原理。

　　普拉特博士向猴子提供 A 和 B 两个选项，猴子可以多次进行选择，无论选择哪个选项都会被奖励果汁。为了方便理解，在此我们将果汁的奖励量替换成相应金额。在上述选项中，选 A 能获得 150 日元，选 B 的话有 50% 的概率获得 200 日元，有 50% 的概率获得 100 日元。在这种情况下，无论选择哪个选项，其平均值均为 150 日元，期待值相同。然而有趣的是，在这项实验中猴子都倾向于选 B。也许是因为"平凡便是无趣"，生物的本性就是偏爱赌输赢（风险）。一旦拉大 B 的奖励之间的差距，比如改为 250 日元和 50 日元，那么猴子选 B 的倾向就愈发明显。普拉特博士在论文中还提到，大脑中有一个部位叫作"后扣带回皮质"（Posterior Cingulate Cortex，PCC），该部位的神经细胞能感知风险。

这项研究中有一点非常有趣。将 B 的报酬设为有三分之一的概率获得 200 日元，有三分之二的概率获得 100 日元（B 的平均金额低于 A）时，猴子依然会选 B。换言之，生物从本质上来说偏爱赌输赢，其结果表现为生物完全意识不到自己正在吃亏。纵观商业领域既往的成功案例，其中有许多案例正是利用了人容易盲目选择的心理。

彩票也是一种事关风险与报酬的"戏法"。从数学角度来看，当然"不买彩票"才是上策。虽说我并不相信真能中奖，但今年，我还是买了人生中的第一张彩票。

"如果中了 3 亿，生活会变成什么样呢?"——和家人聊到这个话题时，大家的脸上都洋溢着笑容。这样看来，风险效用似乎也无法仅靠报酬来估量。

 进一步解说

视觉信息与人的主观误判

一般情况下，如果遇到巨额赌局，人们就会出现规避风险的倾向。

比如弹珠游戏机，一颗弹珠非常便宜，所以人们会觉得"输了也不要紧"，于是就去玩了。但是如果一颗弹珠要 1 万日元，那么玩游戏的人应该就不会像现在这么多了。低金额会让人忽视风险的危险性，而高金额会让人提高对风险的敏感度。

"期望效用"是指人能从事件中看出多大的价值，即对报酬的主观期待值，而不是实际能获取多少奖励。在近期的研究中，人们发现了表现期望效用和主观价值的神经细胞[2~10]。

在某种程度上，甚至连初级视觉皮质的反应也能体现出主观价值[11]。眼睛感知的信息首先由初级视觉皮质处理，所以人从处理视觉信息的第一阶段开始，就会夹带主观的价值判断，这一点非常有趣。换言之，大脑在结构上就很容易夹杂先入为主的观念，可以说人是很容易做出错误判断的生物。商业领域的很多地方巧妙利用了人的这一特性，比如商品的标价。

某件商品的定价应该是 1000 日元，还是 980 日元？

这两种价格只相差 20 日元而已，所以在销售额层面上，特意将商品价格标成 980 日元没有很大的意义，而且将价格定为 980 日元，收银时还得准备零钱，反而有些麻烦。但是，因为这两种价格相差一位数，所以在刺激顾客的购买心理层面上，1000 日元和 980 日元存在着巨大的差异。利用人的主观价值判断，将商品价格定为 980 元，这是十分常见的销售策略。

人很容易出现判断失误，其中一个例子叫作"生日悖论"。

"这个人和那个人的生日是同一天，好巧啊！"假设一个班级有 40 人，那么至少有两人生日相同的概率是多少呢？答案是高达 90%。在一个 23 人的集体中，至少有两人生日相同的概率就已经超过了 50%。在一个集体中，生日相同的概率其实高得惊人。

人还会产生如下错觉。将随意组合的硬币撒在桌子上，然后提问："一共是多少钱?"大多数情况下，对方能算出个大概。在屏幕上显示多个点，提问对方总数时，对方同样能算出个大概。

从 1 加到 10 等于 55，算术好的人很快就能得出结果。那么，从 1 乘到 10 等于多少呢?

绝大多数人会估算后回答"5000 左右"，但正确答案是3 628 800，将近 400 万。

物理"直觉"真厉害，可以预测球的落点

如上所述，人估算数字的能力很差。人脑不擅长处理抽象的数字，却很擅长物理上的预测。比如棒球中的高飞球，接球手可以提前跑到高飞球的落点位置接球，靠的就是直觉。如果想用物理方程去分析落点，计算起来十分麻烦，不仅要考虑球的初速度和方向，还要考虑风向、空气阻力、球的旋转次数等因素。在现实世界中，风向还会在中途变得不规则，因此几乎不可能通过计算机来计算。然而，人靠着直觉就能迅速判断出落点。

图 10-1　人为什么可以预测球的落点在"这里"呢?

第 11 章　大脑也会说谎
——"自由意志"与"自我控制"

如果我们能直接读懂别人的心思，情况会如何呢？在商业领域，捕捉商业伙伴的真实想法确实是一个迫切的问题。伦敦大学的辛格（Singer）博士曾在《自然》杂志上发表了一篇长达 6 页的论文，其内容令人非常震惊[1]。她运用功能性磁共振成像（fMRI）技术，仔细研究了人在感知某事时大脑所产生的反应。顺带一提，她的最新论文同样也运用了 fMRI 技术。

辛格博士在用 fMRI 技术记录大脑活动的同时，对受试者的右手施以电流刺激。受试者受到电流刺激时会感到疼痛——没错，该实验的目的之一便是记录人在感到痛苦时的大脑反应。实验结果表明，人在感到痛苦时，"丘脑"和"躯体感觉区"等特定的大脑部位会产生相应反应。这些部位一直被认为是"痛觉传导通路"，辛格博士巧妙地证实了这一点。

不过令人惊讶的是，对疼痛产生反应的大脑部位不仅限于痛觉传导通路，"扣带回"和"岛叶皮质"等部位同样也会产生反应。这是一个不可思议的发现。为什么这些部位也会有反应呢？

答案来自一次意外的实验。人除了自己感到疼痛以外，看到别人承受痛苦时，大脑的这些部位也会出现反应。"那应该很疼吧？"——看到别人痛苦时，我们自己也会感到不舒服，这种现象便源于扣带回和岛叶皮质的活动。这些部位的神经元"性格温柔"，能够感知他人的痛苦。辛格博士称之为"共情神经元"。

辛格博士的后续研究更为有趣。她发现，人的共情神经元仅在其近亲或恋人感到疼痛时才产生作用，对陌生人的痛苦毫无反应。说不定，当我们看到讨厌的人承受痛苦时，甚至还会觉得他"活该"呢。伦敦大学的特纳（Turner）博士认为"大脑不会说谎"，所以反过来看，只要检测共情神经元的活动情况，"对方到底有多爱自己"便能一目了然。如此看来，fMRI技术还可以用于"诊断"爱情。

在运用fMRI技术方面，贝勒大学的蒙塔古（Montague）博士提供了新的可能性[2]。他研究了受试者分别喝下可口可乐和百事可乐时大脑的反应情况。在不告知品牌名的情况下，受试者分别喝完两种可乐后，其大脑的前额叶皮质（prefrontal cortex）确实出现了反应，但两种情况下的反应没有什么太大的区别。但是，如果告知受试者可乐的品牌后再让他喝，前额叶皮质的活动就会出现明显差别，甚至连"海马体"等大脑的其他部位也会产生反应。有意思的是，受试者在喝完可口可乐后，大脑各个部分的反应会更明显。这恰好也说明了可口可乐的品牌影响力更高，其广告策略更成功。

现在，针对某商品做的市场调查主要基于通过消费者或消费渠道收集来的资料，但该论文表明，大脑的反应本身便是有效的市场指标。神经元的活动非常有意思，作为未来的应用神经科学，"神经元市场营销"备受关注。而且，并不是只有一般企业对此感兴趣，据说在美国，FBI 有意将 fMRI 技术运用于测谎仪。现在，脑科学正准备介入一个新的商业时代。

进一步解说

对他人行为产生共情的镜像神经元

辛格博士关于共情神经元的构想，与人们在脑科学研究中发现的"镜像神经元"[3]相近。

镜像神经元是一种"看到他人行为会产生反应"的神经元。比如，自己吃冰激凌时这些神经元会产生某些反应，那么在看到别人吃冰激凌时，这些神经元便会产生同样的反应。

它们会像"照镜子"一般，对他人的行为产生反应，因此被称作"镜像神经元"。

早前的研究发现了许多会对实体事物产生反应的神经元，比如看到绿色时会产生与绿色相关反应的神经元，看到苹果时会产生与苹果相关反应的神经元。但是，镜像神经元是对某种概念产生反应，即看到对方的行为后，分析该行为具体是什么，再对"正在吃冰激凌"等行为的概念产生反应。而且，不管行为的主体是自己还是别人，镜像神经元都会产生反应，这也是它的最大特点。

之前提到的共情神经元，其实就是镜像神经元的一种延伸。

无论是自己遭受痛苦，还是看到能让自己联想到痛苦的事物，共情神经元都会产生反应。辛格博士在2006年2月的《自然》杂志上发表了与之相关的后续研究成果[4]。比如，共情神经元会在人判断"是否要对行为不端的人加以惩处"时发挥作用。也就是说，在禁止不当行为等社会管理及形成社会共识方面，共情神经元和与之相关的脑功能区也做出了一定贡献。

辛格博士做了一个形式为纸牌游戏的实验。纸牌游戏中存在行为不端者，受试者则需要判断应该给予他们何种程度的处罚。

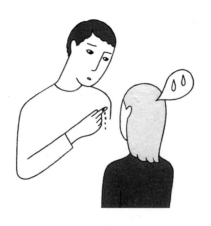

图 11-1　共情神经元能感知他人痛苦,是一种"温柔"的神经元。

有趣的是,实验结果存在男女差异。针对相同的不端行为,男性认为应施以重罚,而女性则不会如此,甚至会对受处罚的人产生同情心。换言之,男性倾向于制定规则以排除不遵守社会规则或法律的人。相对来说,女性更倾向于施恩施惠,就算对方做出不端行为,也会抱着宽容的态度。

在现在的司法领域,负责审判的多为男性。如果参与审判的法官男女各占一半,让男性依照规则来阐述意见,再让女性加入一些直觉上的意见,那么说不定可以让判决结果产生一种类似折中方案的新平衡。

人类被赋予的另一种基因

人类构建出"社会"或"管理体系",这件事本身就非常有趣。

"自然界的规则"大多由"基因"决定。生物通过基因不断继承生命所需的信息,而人类社会还存在除此之外的另一种基因,即"文化"这一规则。

人类为什么要制定规则呢?在群体中自然而然地形成规则,我认为这非常有趣。这类规则有时候会让人觉得滑稽,静下心来思考时,甚至会发现有些不太合理。

比如足球,我们人类是能够灵活使用双手的动物,而足球是故意不用手,纯粹靠脚来比赛的运动。在群体中自然而然地形成如此怪异的规则,实属不可思议。事实上,但凡社会群体存在之处,必然会产生规则。"祭典"和"葬礼"等也是如此。细想一下,这些不太合理又不可思议的规则,在社会中已演变成一种共识。

不得不说,增加规则确实会让社会变得更有趣。我们大概也能理解没有规则会带来的混乱与无聊。纵观世界上的体育运动,每项运动都利用规则去故意限制自由。人类似乎有一种特别的闲情雅致,即去享受"不自由带来的乐趣"。

艺术领域的规则也非常有意思。比如在绘画领域,历史上曾经有很长时间存在一条规则,即给基督或圣母玛利亚画服饰时必须要使用蓝色和红色。但是，拉斐尔在其画作《椅上的圣母》中将其改成了绿色和红色。因为绿色和红色是互补色，在画布上显得更加协调，所以为了优先协调性，拉斐尔打破了规则。米开朗琪罗在《最后的审判》中也打破了多个牢牢扎根在基督教社会的规则。对当时的教会人员而言，不画圣人头顶的光轮和天使的翅膀等违反规则的行为应该极具侮辱性。但是，这幅作品却成了旷世大作。

艺术的精髓在于打破规则的乐趣，以及从中迸发出的生机和活力。自那之后，拉斐尔和米开朗琪罗违反规则的行为变成另一个行为准则。而且，这个新规则又不断被后世艺术家们所打破。艺术是一个构建新规则和颠覆旧规则的动态循环。

音乐领域也是同样的情况。海顿通过规定曲子的节奏、调性和结构等，奠定了交响曲和奏鸣曲等音乐体裁的形式。他的徒弟贝多芬最先打破了这些规则——贝多芬只在产生"颠覆规则的新想法"时才会有作曲的欲望，也就是说，如果没有什么新发现，他就不作曲。由此，我们也能理解为什么海顿创作了 104 首交响曲，莫扎特创作了 41 首交响曲，而同时期的贝多芬却只创作了 9 首交响曲。

贝多芬创作的交响曲里必定存在新发现，其中第三交响曲（一般称为《英雄交响曲》）具有划时代的意义。在那之前，交响曲最长也只有 25 分钟左右，而第三交响曲长达近 1 小时。而且，这首交响曲不是明快华丽的管弦乐曲，而是富有攻击性的、大气磅礴的乐曲，这给当时的听众带去了耳目一新的感觉。有趣的是，自《英雄交响曲》起，"大气磅礴"成了交响曲的标准。

同样，贝多芬的第六交响曲《田园》（又称《田园交响曲》）也打破了当时交响曲要分成四个乐章的规则，创作了五个乐章。而且，该曲以"田园"命名，洋溢着对田园风光的热情和依恋。在那之前，音乐，特别是交响曲一般不表现具体事物。当时的社会潮流认为抽象的才是高尚的，但是《田园》里加入了鸟鸣声，还呈现了暴风雨的场景，特别写实。

另外，贝多芬的第九交响曲（又称《合唱交响曲》）中加入了大型合唱，人声仿佛成了一种乐器。之后，马勒等作曲家也采用了这种创作手法。也就是说，贝多芬不仅打破了交响曲的既有规则，同时还建立了新的规则。

这样看来，规则也实在有趣。一是人总会不由自主地建立规则，二是肯定会有人不满足于既有规则而去打破它。"千篇一律"和"焕然一新"互相矛盾，循环更替。如果忘却"循环"的妙趣，大言不惭地认为"真麻烦，本来就不需要什么规则"的话，那么就会产生一些我个人认为不太有趣的艺术，比如自由爵士乐和新达达主义等。

能读懂人心是好事吗？

前面提到，辛格博士用 fMRI 技术发现了共情神经元。使用 fMRI 技术，能直观、如实地观察当事人的内心思考。这是件好事，还是坏事呢？要想回答这个问题，恐怕不太容易。

比如自闭症患者的特征之一是无法理解他人的情绪，因此他们不太会说谎。在面对患有肥胖症的人时，他们也会心直口快地说出"你是个胖子"，往往想到什么就说什么。因为他们做不到设身处地地考虑对方的感受，也想象不出对方的情绪，所以会直言不讳。虽然老师和父母从小教育我们不能说谎，但是现实生活中存在许多不得不说谎的情况。

人有时是在说谎的过程中塑造自我，社会有时也会自然而然地接受这种行为。然而，利用 fMRI 技术，我们能清楚地知晓别人是否在说谎，明白对方是否真的爱自己。但是，这真的是好事吗？

比如有这么一则滑稽（不过在当事人看来十分严重）的故事。

有研究表明，正在冥想的亚洲僧侣的脑中会释放特殊的脑电波[5]。这是一种特殊的大脑状态。也许是因为感受到东方的神秘，许多欧美的研究者对这种状态产生了浓厚的兴趣，尤其是得道高僧能进入的深度冥想状态。一些苦修多年的老僧也很擅长冥想，但他们真的达到了顿悟的境界吗？使用fMRI技术，其实可以从反方向来验证。一些有名的僧侣虽然平常在弟子面前威严有加，但记录其脑电波就会发现，他们实际上根本没有达到大彻大悟的得道高僧境界。一看大脑的内部活动，这些情况就暴露无遗了。

不仅限于冥想时的状态，人的内心会产生各种各样的想法，但是否真的要采取行动或者将所想直接说出口，人最终会做出某种判断。如果内心活动被一五一十地暴露，那岂不是比赤裸的身体被人看见还要难为情？

人没有"自由意志"？！

此时，我们又会遇到另一个问题，即人到底有没有"自由意志"。

一位名叫李贝特（Libet）的科学家做过一个著名的实验[6-8]。实验人员会事先告诉受试者"请在自己想按按钮时，按下按钮"，并研究受试者按下按钮时的大脑活动情况。按照"常识"，人一般先会产生"想按按钮"的意志，接着负责控制运动的大脑部位开始活动，最后大脑再向手指发送"按下按钮"的指令。

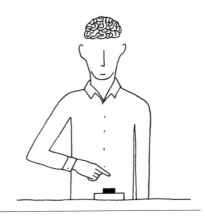

按下按钮的过程
①大脑活动
②产生意志
③按下按钮

图 11-2　人有自由意志吗?

　　然而，实验结果却大相径庭。实验结果表明，人在出现
"想按按钮"的意志之前（最长的情况会在大概 1 秒钟前），
大脑的"前运动皮质"（premotor cortex）就已经开始准备了。
换言之，这个行为的机制是大脑先产生活动，然后才出现
"想按"的意志，最后再向手指发送指令，出现"按下按钮"
的手指动作。

　　本以为按下按钮的行为出自自己的意志，但实际上大脑
的活动在前，意识在后，因此这个实验引发了一个争论——
人到底有没有自由意志。

　　从科学的立场分析，自由意志恐怕"并不存在"。

　　2005 年的《自然》杂志上刊登了一组有趣的数据[9]。自由
意志，即自主选择行为的能力，在水蛭身上可以发现其最原
始的形式。

水蛭的身体一被触碰，它就会逃走。即便触碰的力度相同，它逃走的方式也分为两种——有时是游走，有时则是贴着培养皿的底部爬走。这就好似公园里被孩子们捉弄的那些鸽子，有时会飞走，有时却从地面上跑开。总之，水蛭会根据情况"选择"逃走的方式。尽管以同样的方式被触碰，水蛭却能表现出两种不同形式的逃走行为。由此可以推断，这种逃走方式的选择，完全取决于水蛭自身的决定，所以这里便涉及神经回路的内部问题，或者说，涉及我们人类常说的"心里"的那个"心"的原始问题。

与人脑不同，水蛭的脑非常简单，其神经元总共只有数万个。这些神经元组成了什么样的神经网络，我们也能大致搞清楚。换言之，作为实验的工具，水蛭是非常优秀的研究素材。只要将它的神经回路研究透彻，我们就能知道到底是什么神经元决定了它是游走还是爬走。

事实上，研究人员的确找到了答案——是编号为208号的神经元起了决定性作用。

"选择"源于神经元的波动

神经元存在一种电活动，即"波动"。

神经元细胞膜中的离子浓度，会毫无理由地以噪声的形式"波动"。这类似于空气中的风，不存在什么确切的原因，只是作为一个既存的系统在不断波动。也就是说，神经元细胞膜上的电（离子），有时候会积攒很多，有时则会变得很少。

确切地说，当细胞膜中的离子大量堆积时，受到刺激的水蛭会选择以"游泳"的方式逃走；反之，当离子少量堆积时，受到刺激的水蛭就会选择不同的方式，即爬着逃走。深入研究"自由意志"和"选择"后，人们发现这种机制的关键正在于神经元的波动。脑受到刺激时，神经元在那一瞬间的状态，决定了生物体如何行动。

细想一下，我们对行为的"选择"，其实不存在什么绝对依据。比如抛硬币游戏，让对方猜正面朝上还是背面朝上。即便对方回答说"正面朝上"，他的选择也是毫无依据的。即便追问对方选择的理由，对方也多会回答"直觉"。不过，直觉又是什么呢？靠直觉猜中的平均概率差不多是 50%。归根结底，抛硬币游戏中的"直觉"根本不存在，其实就是随便瞎蒙而已。

那么，选择"正面朝上"又是由哪些神经元决定的呢？目前尚未明确，但有一点我们可以推测出来，即是某些特定神经元或某个特定神经回路的波动决定了选择的结果。这让我们有时候回答"正面朝上"，有时候却回答"背面朝上"。人类的行为看似复杂，其实是脑神经元中偶然发生的波动经过日积月累后产生的结果。

喜欢那个人的真实理由

2006 年 2 月的《自然 – 神经科学》杂志刊登了一篇论文，该论文通过开展单词测试实验证实了上一小节的问题[10]。实验人员向受试者逐一展示日常生活中使用的单词，间隔一小段时间后再向受试者展示单词，并让受试者回答某个单词是否在第一次展示时出现过。受试者能记住第一次展示所有的单词当然不太可能，所以会出现记住的单词和没记住的单词。研究人员通过脑电波研究了记忆上的差异是如何产生的，结果发现这也与神经元的波动有关。

观察受试者在被展示单词的瞬间或前一秒时的脑电波情况，就可以知道他回答得怎么样。换言之，通过脑电波，在展示单词前就可以预测受试者是否能回答正确，这与用哪个单词来提问没有关系。大脑在某种特定状态下，看到展示的单词能立刻作答，而在除此之外的状态下就答不出来，仅此而已。极端地说，受试者在看到问题之前，观察其脑电波的脑科学家可能就已经知道他的答案正确与否了。

前面介绍的按钮实验也是同样的道理。受试者明明随时都可以按下按钮，那么为什么会决定"在那个瞬间"按呢？就算追问对方，对方也说不出任何理由。在某个偶然的瞬间，大脑神经元的波动影响了神经回路的输出模式，因而出现了"想要按下按钮"的意志，仅此而已。

人的行为看似有根有据，但基本上不存在什么深层次的依据。

恋爱也是一样。为什么会喜欢那个人呢？是不是存在什么依据呢？

当男朋友问"你喜欢我什么"时，你会如何回答呢？你可以列举多个理由，比如"因为你脾气好、长得帅，个子还高"。但如果他继续追问"那只要个子高、长得帅、脾气好，不管是谁都可以吗"，你又如何招架呢？选择恋爱对象，当然不可能选谁都可以。在这种追问下，其实也找不到什么理由。那些理由，只不过是人在做出选择之后给自己找的"借口"。

如果被问到"你为什么会喜欢我?"，那么正确答案应该是"那是脑神经元的波动造成的"。

虽然不存在"自由意志"，但人能做到"自由否定"！

如果进一步展开讨论，就会遇到一个伦理问题："既然不存在'自由意志'，那么还应该对犯罪行为进行追责吗?"

因为人不存在自由意志，所以是身体自主行动才犯了过错。既然如此，当事人岂不是没什么错？过错行为并非源于本人的意志，只是脑神经元偶然的波动造成的。比如，脑神经元偶然的波动让人"不小心"偷了东西，或是在电车里"不小心"摸了别人。如果是这样的话，那么到底是否可以审判他人呢？

结论是，可以审判。

以前文的"按钮实验"为例，虽然实验人员要求受试者在自己想按的时候按下按钮，但是事实上，从受试者想按的瞬间起，或者准确地说，在那前一秒左右，受试者的大脑就开始准备按下按钮了。在意识产生之前，大脑就已经做好按下按钮的准备了。但是，大脑在下达"按下按钮"的指令时，其间会产生 0.2 ～ 0.3 秒的延迟。这才是关键所在。

换言之，即便产生了想要按下按钮的"意志"，人还是可以"阻止"这一行为的发生。也就是说，虽说产生了"想要按下按钮"的想法，但是我们不需要百分之百地遵从这一想法，而是可以放弃去实施这一行为，这是我们所拥有的自由。

举个例子，假设我们产生了想要殴打别人的冲动，这是大脑自发生成的意志，我们没办法控制这个意愿本身的生成。但是，我们可以放弃去实施殴打行为。即便在争吵中产生了想要砍人的想法，我们也完全可以阻止该意志转化成行动。

这是因为，人类虽然不存在"自由意志"，但是能做到"自由否定"。

创意诞生的秘诀也在于神经元的波动

下面介绍几个积极的例子。

比如，工作中的创意激发。创意源于某种神经元的波动，所以无法人为控制。创意是否能够诞生，取决于那些神经元的波动情况，仅此而已。创意不是绞尽脑汁就能想到的东西，我们只能等待其自然涌现。只不过，"是否采用"创意取决于我们自己的选择。对于涌现出来的创意，我们可以否定它，"这个创意不好"，也可以采用它，"哎呀，这个创意不错"。因此，准确地说，神经元波动较多的人，创意会更丰富。

不过，细想一下，神经元的波动，也意味着专注力的缺乏。

如果一个人总是专注于一件事，那么神经元的波动是不会活跃的，也就很难产生创意。注意力涣散的人，反而更容易拥有丰富的创造力。

专注力和创造力，应该更侧重哪一方呢？这完全因人而异。如果从事的工作更需要专注力，那么专注力更重要。如果工作对创意的要求更高，那就需要更多的神经元波动。想要获得好的创意，创意的"总体规模"非常重要。比如你想要邂逅理想型的异性，那么就应该让自己尽可能地多认识一些异性。因毫无用处而惨遭舍弃的创意，其实远远多于被采用的创意。在神经元波动的旋涡里，会自然涌现出非常多的创意，优秀的创意往往会"偶然"地出现在其中。因此，我个人认为，激发创意的秘诀之一，就在于神经元的波动程度。

有没有骂出"浑蛋"的区别

现在，我们再回到之前的那个话题——能读懂人心是好事吗？

我们内心产生的想法，其实绝大多数会遭到"自由否定"。我们的内心在经历各种"波动"的过程中，会不断地冒出"这个也想说，那个也想说"的想法。然而，经过取舍后真正说出口的内容，其实只占了其中的一小部分。我们心中自然会涌现出真实的情绪，比如"女朋友做的这道菜真难吃""旁边这人嘴巴真臭"等，这是无法避免的问题。但是，绝大多数人不会将自己的真实想法表达出来。我们会依据社会常识，判断是否可以表达当下的想法。人们会依据社会常识来筛选内心的想法，那么如果内心想法彻底被人看穿了，又会怎么样呢？

我认为与其说观察大脑的内部活动是"读懂人心"，倒不如简单地将其理解为"读懂神经元的波动"。比如有人在心里大骂上司"浑蛋"，这也属于一种神经元波动，但不将这种想法表达出来，是当事人判断后的结果，即当事人否定了自己的这种情绪。既然如此，那么"读懂人心"又有何意义呢？

再比如，通过检测大脑，我们发现某个人对他人怀有杀意，但只要当事人不采取"杀人"的行为，那他还是正常人。

将内心想法作为审判的依据，因为某个人有伤害人之心就必须依法惩处显然并不可取。斯皮尔伯格导演有一部电影叫作《少数派报告》，这部作品呈现了未来的一种侦察型社会。在那个世界里，只要被犯罪预知系统侦查出存在"犯罪企图"，就会被认定为嫌疑人并被逮捕。也许在不久的将来，可能真会出现电影中的场景。不过，从我们之前提到的意义层面上来看，这样的审判机制又有多大意义呢？至少就目前而言，我仍对此持怀疑态度。

"神经伦理学"是近年新确立的研究领域，科学家们开始研究科学与人类的关系[11~13]。一方面，我相信只要抱持谨慎的研究态度，现实世界就不会出现科幻作品中经常描绘的滥用科学的现象；另一方面，只要社会伦理和法律法规能够正常发挥作用，那么运用 fMRI 技术探索大脑便不会出什么问题，它将有助于发现大脑结构的令人意想不到的一面。从科学角度来看，这也是非常有趣的研究方向。

第12章　大脑也会依赖身体
——大脑的能力只发挥了10%？

能力天生存在差异吗？我经常被问到这样的问题，每次我都会回答："当然存在。比如与鸟类不同，我们不能在空中飞翔。这也是一种天生的能力差异。"其实，这样回答实属答非所问，是我故意模糊了提问者的意图。

下面我决定不再逃避，就这一问题进行深入思考。

从结论来看，人脑的功能确实天生存在差异。众所周知，有些人是过敏体质，有些家族容易罹患癌症——人们普遍认可"身体"的功能和特性存在个人差异。从这个观点出发，既然"大脑"也属于身体的一部分，那么就不应该出现例外。既然如此，有些人还是总想问"大脑是否存在差异"，这是为什么呢？其实，他们只是想知道自己的大脑到底比别人聪明，还是比别人愚笨。

观看铃木一郎在比赛中的精彩表现，绝大多数人会感觉自己望尘莫及，还会情不自禁地用"天才"去形容他——这个词可是不能轻易乱用的。回顾历史上的人物，其中有许多人发挥出了卓越的才能，比如列奥纳多·达·芬奇、牛顿等。没错，天赋异禀之人的确存在，但也没必要将自己与这些伟人进行比较，从而认为自己的大脑性能低下。在一亿人中，大概只有一个人天赋异禀，这件事发生的概率极低。如果因为自己的大脑没有天赋异禀之才就垂头丧气，那才是徒劳无益。再说，请不要忘记这些天才们也付出了超乎常人的努力。

成长环境对大脑的影响也不小。其实，有学者认为，除去一部分例外，人与生俱来的个体差异微乎其微。关于这个观点，科学家们经常从水脑症患者中寻找依据。

水脑症是指在成长过程中脑部出现积水，从而阻碍大脑正常发育的疾病。有些患者会表现出精神呆滞等症状，但也有不少患者能够正常长大，甚至在患者中还会出现一些优秀人才，能够担任董事长经营公司、在大学里荣获数学奖项等。在这些病例中，许多患者是偶然在医院检查大脑时，才发现自己患有水脑症的，还有些患者的大脑，体积只有常人的10%左右[1]，但即便是这种体积小于正常标准、发育不全的大脑，也能正常做出判断、行动和思考。

这也成为人们用来论证"大脑的能力只发挥了10%"的依据之一。我们很难判断这个数字是否准确，但我认为这个结论基本正确，甚至还有一种预感——人脑实际上发挥的能力可能远低于10%。

了解了上述事实，我们便能从"人只是人脑的某种'产物'"的视角重新审视自我，也会愿意静下心来思考现阶段自己的目标、能力、周边环境以及每天做的事情了。

 进一步解说

大脑 10% 的能力足以控制人类的身体

一些水脑症患者的大脑，其体积仅有常人的 10%。即便如此，这些患者的大脑也能正常运作。虽然通过上述病例引出了"大脑的能力只发挥了 10%"的观点，但是先不管这个观点在逻辑上是否成立，如果仅仅关注这个观点，那么可能会让人产生误解，这一点需要注意。

有人会产生这样的疑问："据说大脑中的神经元多达 1000 亿个，既然只利用了其中的 10%，那么剩下的 900 亿个神经元又有何用呢？"

在此，我可以对以上问题做出明确答复。假设神经元多达 1000 亿个，那么这 1000 亿个绝大多数在发挥作用。大脑基本上不会浪费神经元资源，有多少便用多少，剩下 90% 的神经元绝没有处于睡眠状态。这一点首先必须明确。

理论神经学家奇克洛夫斯基（Chklovskii）博士认为，在大脑中，突触（连接两个神经元的接点）的数量仅为最大允许量的 30%。也就是说，从理论上来讲，神经回路结构中还存在三倍以上的余量[2]。但是，如果过度解读，认为通过训练可以促使突触数量增至三倍，那就有问题了。

我在第 4 章 "大脑也会有干劲" 中提过，重要的不是大脑，而是身体。

既然大脑属于身体的一部分，那么它在控制身体的同时，也受身体的影响。换言之，无论是能力只发挥了 10% 的大脑，还是能力发挥了 100% 的大脑，它们控制的对象都是人类的身体。只要这个大前提不变，它们就都是 "人脑"。我们从这个观点来看问题，才能更接近事实的真相。因此，"剩下 90% 的大脑正处于睡眠状态" 的说法不太妥当。反之，假设我们现在的大脑长在了能力比人类强大十倍的身体上，相信大脑也完全可以控制那种身体。也就是说，正是因为大脑所控制的人类的身体并没有那么强大，所以它只发挥出 10% 的能力也绰绰有余了。

在这个意义上，我认为不是大脑的能力 "只发挥了10%"，而是 "只能发挥出 10%"。因此，如果这种观点被以 "开发潜能" 为宣传点的自我启发研讨会盲目地过度解读，我只能说他们的解读是错误的。归根结底，身体才是基础。

人类的身体是哺乳动物中最"不方便"的？！

有许多动物拥有令人羡慕的能力，比如奔跑速度可达100千米每小时、拥有暖和的皮毛、能在水中长时间屏息、能在空中翱翔等。还有动物能一边发出超声波，一边在黑暗中飞翔。人类的身体条件在动物中算不上优秀。

人类没有皮毛，不穿衣服的话就很难生存。而且，除了人类，其他动物都不用穿衣服。

哺乳类中也存在没有皮毛的动物，比如大象和河马。它们基本上体型都很大，体重差不多是体表面积的1.5次方。也就是说，体型大的动物身体热得很快，所以必须持续散热，而皮毛会妨碍散热。为了促进身体散热，大象还会用鼻子吸水浇在自己身上，河马则喜欢泡在水里。

不过，人类不仅体型小、体重轻，而且体表面积很大，不知道为什么也没有皮毛。不对，应该说是突如其来的变异使人类失去了皮毛，导致人类必须穿衣服。人类的祖先在这方面应该吃了不少苦。

在体温调节方面，没有哺乳类动物的身体像人类这样"不方便"。万幸的是，最初失去皮毛的人恰好拥有制作衣服的智慧。否则，人类可能会在进化中被划入"劣等种类"而惨遭淘汰。反过来看，也可以说"智慧"是一种神奇的存在，因为它为人类带来了"弥补不足的力量"。

我视力不好，所以平时会戴隐形眼镜或框架眼镜。假如我是一只野生动物，结局会怎么样呢？应该没办法顺利捕到猎物，早就饿死了吧。但是，在人类世界，就算视力不好，也能正常生活。也就是说，人类拥有的智慧足以弥补身体上的不足。

霸王龙的"手"和人类的"手"

提到进化过程，常有人说"人类能灵活使用双手，还会利用工具，因此能狩猎、农耕和烹饪食物"。换言之，人类是先实现了双足行走，双手才得以释放，能够被灵活运用。在解释动物的进化时，我们总想找到合乎目的性的意义，但这个行为可谓一种诡辩，或者说带有马后炮的意味，让人觉得有些奇怪。

在实现双足行走后，学会灵活使用双手的只有人类。请试着思考一下，还有什么动物也实现了双足行走呢？恐龙图鉴中的霸王龙能靠着两条后肢站立，还能走来走去，但是这个实现了双足行走的动物，它的"双手"（前肢）变成什么样了呢？仔细观察图片，就可以发现霸王龙的"双手"基本退化了。在现存的动物中，袋鼠等也正经历着相似的变化。一般情况下，没用的身体部位会退化，所以动物能够用双足行走后，前肢就会退化。

但是不知道为什么，人类在实现双足行走后，手却没有退化，这非常幸运。与其他动物相比，人类能引以为傲的身体部位应该只有手和咽喉（能随时发出声音，还能运用语言）了。

通过观察人类和动物的身体，畅想进化的过去和未来，想象人类和动物还隐藏着什么样的潜能，这是非常梦幻和有趣的事情。

霸王龙

袋鼠

人类

图 12-1 同样是双足行走，只有人类的手没有退化。

第 13 章　大脑也会依赖语言

——词语记忆与语言区

　　脱口而出的一句冷笑话（在日语中特指无聊的谐音笑话）让现场的气氛降至冰点，你是否也有过这样的经历？年轻时最不想变成满嘴冷笑话的中年人，回过神来却发现，自己正在变成当初自己最鄙视的那种人（不过，当事人或许并没有发现），这真让人感到有些沮丧。

　　为什么冷笑话带有负面的刻板印象呢？谐音笑话真的很无聊吗？下面，我们来尝试探索谐音笑话真正的价值，剖析谐音笑话的生成机制。对于这个课题，线索就藏在语言学中。

　　语言是高级智能的产物。据说大部分人日常使用的词汇量超过了一万个。我们在灵活运用庞大词库的同时，还可以与他人对话，而且对话时语言流畅，如行云流水一般。在词语多达一万个的大容量数据库中检索单词，并瞬间找到答案，接着将找到的词语连贯地整合成语句——整个处理过程几乎是无意识的行为，而且处理速度快得惊人。

这种高级处理之所以能够实现，关键在于词语是有序储存于大脑中的。这里提到的有序，指的是"相似性"和"关联性"。有一个例子能够很好地说明这一点，那就是"联想游戏"。比如听到"白色"，你会联想到什么呢？白云、粉笔、冰激凌、黑色……联想到的词语各式各样、因人而异，不过多少都与白色存在某种联系。除非某个人拥有什么特殊的感情或经历，否则他基本不可能会突然联想到"圣德太子"或"加拉帕格斯群岛"这样的毫无关联的词语。

大脑在储存词语时，通常会将意思相近的词存在一起。这种高效的整理法有利于大脑准确地想起词语。

不过，这种分类处理在某些情况下是行不通的，比如小孩子。在大多数情况下，小孩子稚嫩的大脑所储存的词语不是按照意思归类，而是根据词语的读音关联在一起的。这就导致他们在联想词语时，更倾向于联想到读音相似的词。比如，很多小孩子在听到"白色"（shi ro i）时，会联想到"宽敞"（hi ro i），因为这两个词的日语读音相近。

事实上，从幼儿到小学生，这个年龄段的孩子的口中会常常冒出谐音笑话。这表明他们在理解语言时主要依据"读音"，而非"意思"。也许通过读音处理词语时，思考会比较纯粹，对大脑造成的负担也小。成年人在一些情况下也会变得爱讲谐音笑话，比如登山等徒步活动中。与上山相比，人在下山时更容易说出谐音笑话。可能是因为累了，所以大脑不会对语言的内容进行深入思考，只会对词语的表面形式，即读音做出反应。或许，满嘴谐音冷笑话的成年人是被工作弄得身心俱疲，所以大脑才变得"幼稚"了。

我在美国留学期间，经常会接触刚学日语的欧美人，结果发现了一个意外的现象——他们也频繁地用日语讲笑话，而且谐音笑话的数量也多得惊人。那时我才明白，即便是成年人，他们在学习语言的初期，大脑也像小孩子一样稚嫩。

现代语言学之父索绪尔早就指出："读音"是表层结构，"意思"是深层结构，两者都是语言不可分割的一部分；而且，只有两者合二为一，语言才能发挥作用。但是，我们在日常生活中倾向于根据"意思"对语句进行分类，从而忽略了语言的另一个特性，即"读音"所引发的联想，甚至还调侃这种联想是"冷笑话"，唯恐避之不及。这种做法不能最大程度地发挥语言两面性的作用，只会将对语言的运用限制在其中的一个方面。

细想一下，和歌中常用的"挂词"①正是一种利用了"读音"的修辞手法。《百人一首》的例子自不必说，日本文学作品中使用同音异义词的手法也很常见。在世界范围内，无论是汉诗还是欧美诗歌，句末押"韵"都是惯用的手法。说白了，这些艺术手法其实全部属于"谐音笑话"。杜甫、但丁和莎士比亚等大文豪似乎也对"读音"的相似性十分敏感。

也许是因为现在的我们早已忘却孩提时期热衷于语言游

---

① 和歌中的修辞手法之一，利用语言可以同音异义的特点使词语或句子具有两个或两个以上的含义，类似于"双关语"。——编者注

戏的纯真，内心没有余力去享受读音的乐趣，所以语言不过是与他人对话时使用的信号，既不可能成为艺术，也不可能娱乐自己。谐音笑话是表现自己发挥出语言潜力的手段之一。在忙碌的现代社会，能说谐音笑话的人也许更应该受到欢迎。不过，不分场合地滥用谐音笑话，可能会导致高雅的艺术行为沦为粗俗之举，所以也要谨慎使用才行。

 进一步解说

婴儿为什么会笑？

为了生存而竭尽全力的多是较为原始的动物，高级动物的某些行为并不是为了维系生命，比如"娱乐"。这种"自发的创造力"究竟由何而来呢？这个问题的答案目前尚未明确。

幽默是内心从容的表现。当人听到笑话时，能感受快感的大脑奖赏系统会做出反应[1]。

笑也是人类的高级行为。恐怕只有人类才能细腻地控制面部肌肉，做出笑的表情。这其中包含两个理由。

一是因为人类脸部的"表情肌"，也就是能表现出表情的肌肉十分发达，甚至还有肌肉被称作"笑肌"。猴子和狗的面部肌肉没办法像人类那样进行细微调节。当然，它们也可以做出简单的表情，一般是用来威慑对手的。从解剖学的角度来看，这些动物负责咀嚼食物的"咀嚼肌"又大又发达，而负责制造笑容的表情肌并没有特别发达。

图 13-1　刚出生的婴儿不用别人教也会笑，这是为什么呢？

　　二是因为其他动物根本不存在"笑"的概念。当然，因为我没有成为其他动物的经历，所以无法确定其原因在于"虽然存在笑的意识，但面部肌肉不发达，所以笑不出来"，还是在于"没有笑的感觉，所以笑不出来"。狗摇尾巴并不是在表达开心，而是某种紧张状态下产生的反射行为。这与人类的"抖腿"很相似，是一种自发的无意识举动。事实上，在生活中确实会发生这样的小意外，比如看到狗在摇尾巴，误以为它现在很开心，于是伸出手摸它的头，结果却突然被它咬伤了。

　　有些人认为，正因为人类具备语言能力，所以才出现了笑。但是，即便不具备语言能力，人类也会笑，婴儿露出笑容的现象就可以证明这一点。不过，我们基本上可以断定，婴儿露出笑容并不是因为他们觉得好笑，他们的笑容是作为"信号"而存在的。

那么，为什么只有人类会笑呢？要说婴儿是笑给谁看的，答案应该是自己的母亲。很难想象婴儿会冲着闯入家中的小偷笑，一般情况下，他们都是冲着身旁的母亲笑。婴儿的母亲看到笑容时则会感到"安心"。

当一位母亲看到自己的孩子在笑，内心就会觉得安心，觉得"这孩子很健康"，而婴儿正是通过笑容这一信号，告诉母亲"我一切都好，身体健康、心满意足"。

"我现在的状态没有问题"

我一直认为，笑容的诞生也许是为了告诉对方"我现在的状态没有问题"。为了验证这个想法，我一有机会便会去观察别人的笑容。

据我观察，落语（类似于中国的单口相声）演员用段子逗笑观众时，往往会提前营造出某种紧张的氛围，让人好奇"接下来他会说什么"。像这样铺垫完后再抖包袱，便会引得观众哄堂大笑，并随之放下心来，"什么啊，原来是这么一回事"。这种方法能在一瞬间让观众感受到紧迫感，而当这种紧迫感一扫而空后，观众自然就笑出来了。这是笑的模式之一，传递的是"啊，我现在没事了"的信号。

还有一种笑带有辛辣的讽刺性，它在《憨豆先生》这类影视作品中十分常见。极端地说，这种笑中包含着"幸好受害者不是自己"的意味，而这其实也是另一种形式的"安心"。

在运动时出现失误，或者当地铁或电车的车门即将关闭，自己拼命冲到车门前却也只能眼睁睁看着车门合上时，很多人都会笑。

这种笑常被形容为"尴尬的笑"，似乎是想用笑容来掩饰自己的尴尬。其实，笑是源自内心的自然表现，所以即便是这种情况，笑也不是为了掩饰尴尬而故意做出的行为。笑的人也许是想通过笑向外界传递一个信号：我虽然是拼命跑到站台的，但也没有真的那么拼命，所以电车开走也没什么大不了的。如果真的遇到紧急情况，比如父母病危，必须赶紧赶到医院，那么没赶上电车的话，恐怕就根本笑不出来了。"虽然拼了命跑也没有赶上车，不过没什么大不了的，我一切都好，等着坐下一趟车就好了。"正是为了向外界传递这样的信号，所以人才会露出笑容。

上面这些就是一直以来我对"笑"的思考。在我思考的过程中，刚好加利福尼亚大学的神经学家拉马钱德兰（Ramachandran）也提出了类似的看法——我对于"笑"的假说正逐渐得到证实。

笑是全人类的共同行为。不管是美国人还是日本人，他们的笑容是相似的。即便是古代壁画中描绘的笑容，表情也与现代人的一模一样。也就是说，面部表情超越了地域和时代，保持着一致性。可以说，表情是人类的共同财产。如果日本人的微笑对美国人来说意味着愤怒，那么留学期间的我在人际沟通方面肯定会遇到巨大的麻烦。从这种意义上讲，笑是一种刻入基因的沟通手段。

为什么婴儿喜欢用左手？

基因是因人而异的，所以人的性格迥异，相貌不同。比如，亚洲人和欧洲人相貌不同的一部分原因，便在于基因的差异。人类的基因存在差异毋庸置疑，而黑猩猩作为最接近人类的物种，它们的基因也存在差异，因此黑猩猩的性格也各不相同。有趣的是，与黑猩猩相比，人类个体之间的基因差异极小，几乎可以说没有。换言之，人类是一个非常均衡的物种。

"右利手"是世界上普遍存在的现象。无论去哪个地方，我们都会发现右利手居多。史前遗址中出土的斧头，表明了从那时起人类就是右利手。可以说，古往今来，人类一直都是惯用右手的。

人类的体形明明是左右对称的，为什么绝大多数人会是右利手呢？

原因之一便是社会性的影响。人类社会对右利手来说比较方便，所以基于习惯，人一般都会被矫正成右利手。但是，如果仅仅是社会性原因的话，理应会出现某种以"左利手"为主的文明或社会。然而，在任何时代和地区，人类都是以右利手为主的。也就是说，人类可能拥有右利手的基因。

不过，婴儿却是左利手居多。这也是一种普遍现象。

请大家想象母亲抱着婴儿时的姿势。大部分母亲会让婴儿的头靠着自己的左胸。在这种情况下，婴儿的右手要么伸到母亲的腋下，要么搭在胸上，只有左手能随意活动，因此大部分婴儿会先学习使用左手。尽管如此，他们最终仍会变成右利手。我以前曾经思考过为什么会出现这一现象，以下是我的假设。

为什么人类多习惯用右手

人类的身体左右对称，但这仅限于身体的表面，身体的内部并不是对称的。人类心脏的位置稍微偏左，所以人在通过两面都是墙壁的过道时，会倾向于靠左边墙壁行走。这是为了避免心脏遭受危险，是生理层面产生的条件反射，也是一种无意识的防卫行为。

那么，为什么人类会变成右利手呢？这要追溯到猴子爬树的时代。

猴子爬到树上，需要一只手抱着树干，同时伸出另一只手去摘树枝顶端的果实。那么这个时候，是伸出右手比较好，还是伸出左手比较好呢？

试想猴子不小心掉落地面时的情形。掉落时，如果心脏一侧（身体左侧）位于上方，那么危险值应该比心脏位于下方时低。也就是说，对于猴子来说，左手抱着树干、伸出右手去采摘食物的做法相对更安全。这样一来，就算它不小心从树上掉落，心脏一侧也不会先着地。所以，人类的祖先伸出右手采摘食物的次数可能更多，这对生存会更有利。因此，人的右手也变得更加灵活。

我们来进一步分析这个问题。在语言尚不发达的时期，人类之间的沟通主要依靠身体动作。从前述的假说来看，人类受采集活动的影响，右手会更灵活，所以对话时用右手比画手势会更方便，也更容易传递细腻的情绪。换言之，语言的原型源于右手的活动。我们知道，右手的活动由左脑控制，而语言区也位于左脑。按照我们的假设，这两者似乎也可以形成关联。而且，如果右手能比左手更精准地传递情绪，那么用右手在乐器上弹奏旋律的话，演奏者也可以更有感情地歌唱。钢琴的琴键越往右，音越高，或许也是这个原因吧。

归根结底，"语言区位于左脑""人类以右利手为主"等一系列现象，均源于人类的心脏位于身体左侧。心脏作为维系生命的重要器官，不仅承担了为血液循环提供基本动力的任务，还会对身体和大脑的功能产生很大的影响。

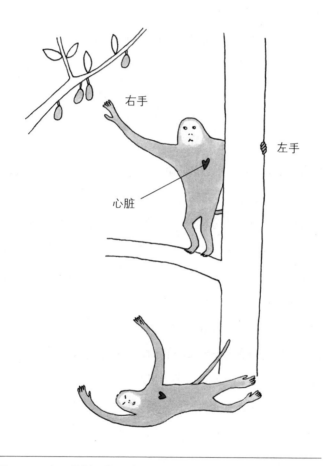

右手

左手

心脏

图 13-2　猴子从树上掉下来也没事。
　　　　伸出右手采摘食物，掉落时心脏一侧也不会着地。

第 14 章 大脑也会做梦
——基因也决定"困"与"不困"

"睡觉"是一种神奇的生理现象。人一生中约有 30% 的时间都在睡眠中度过。假设一个人活到了 80 岁，那么睡眠时间就占了将近 25 年。令人惊讶的是，"睡觉"是绝大多数动物所共有的生理现象，即便那会让它们毫无防备地暴露于外界的敌人面前。

一旦被完全剥夺睡眠，动物就会死亡，甚至仅仅是睡眠时间不足，也会对动物的健康和智力造成不好的影响。以上事实表明，睡眠是人类维系生命不可或缺的行为。在此之前，我也一直反复强调，良好的记忆力和学习能力需要充足的睡眠。

但是在世界上，有一类人睡得少却依然身体健康。虽说只是极少数，但这类人的确存在。他们每天只睡 3 个小时，但生活中仍然精神抖擞。这貌似也取决于遗传，世上存在睡得少也不要紧的"血统"。这一事实也反映出，能够削弱睡眠必要性的基因是存在的。

随着科学研究的进展，这种基因终于被发现了[1]。威斯康星大学麦迪逊分校的托诺尼（Tononi）博士专门研究了苍蝇的基因后，发表了他的研究成果。

也许有人会感到困惑：研究苍蝇又能了解人类的什么情况呢？其实，苍蝇拥有的基因数量大约是人类的一半，即 1.3 万个，其中大概有 60% 的基因具有与人类基因相同的功能。苍蝇的睡眠模式也与人类的模式极为相似。比如，苍蝇的昼夜节律是 24 小时；即便是在白天，如果没有外界环境的刺激，苍蝇也会出现较强的入睡倾向；人类的安眠药也能让苍蝇入眠。另外，小苍蝇的睡眠时间更长，这也与人类的情况相同。苍蝇一旦睡眠不足，第二天就会起不来，这也和人类完全一样。而且，睡眠不足的苍蝇会出现能力衰退的现象。

托诺尼博士的研究方法令人大为震撼——他对多达 6000个苍蝇基因，一个不漏地进行了变异处理，以便彻底研究苍蝇的睡眠情况。最终，他发现了目标基因。这个基因一旦发生突变，苍蝇的睡眠时间竟然会减少 70%。然而，更为震惊的是，明明睡眠时间减少了 70%，但苍蝇的运动能力和智力仍维持正常水平，这正是"短睡眠"的"血统"。托诺尼博士将这种变异苍蝇命名为"minisleep"（mns），其所携带的产生突变的基因有助于稳定细胞的离子运动，调整神经元的活动。就目前阶段，具体原因尚不明确，但可知如果基因功能发生某种变化，将会降低睡眠的必要性。

想要在人类身上应用上述研究，必须开展大量的后续研究并消除伦理问题。不过，从原理层面分析，利用"设计婴儿"（designer baby）等方法进行基因重组，"创造"具有高效睡眠的人类，这并非无稽之谈。

除了睡眠，研究者还陆续发现了有助于提高记忆力或延年益寿的基因，其中的几种已经成功完成了以哺乳类动物为对象的验证性实验。是否可以通过人工手段使我们的子孙后代成为新型人科高级动物呢？人类差不多也到了必须严肃面对这一问题的时候了。

 进一步解说

大脑中的昼夜节律其实是"25 小时"！

"人睡觉时，身体是在休息的。"这其实是句假话。人即便处于睡眠状态，身体也在消耗能量。

有的人早晨起床时会出汗便是证据，这是由于身体不断在进行新陈代谢。也有人认为，老年人醒得早是因为睡久了会觉得累。不过反过来看，婴儿一直在睡觉，或许是因为婴儿精力旺盛吧。另外，似乎有一种减肥方法叫作"睡觉减肥法"，这种方法也许要比大家想象的更有道理。如果只要睡觉就可以减肥，那我应该也可以一直坚持下去。

我们以 24 小时为周期生活，这通常被解释为"地球自转一周是 24 小时，所以产生了昼夜现象，于是在我们的大脑中形成了昼夜节律"。这种说法是否正确，其实很难判断。生活在高纬度的白夜地区的人们也会按照昼夜节律作息，所以仅仅根据天体活动来解释人的节律周期，似乎无法完全解释清楚。

人就算一直待在明亮的房间或者黑暗的房间中，也会形成昼夜节律。不过，这个周期不是 24 小时，而是接近 25 小时。也就是说，如果没有昼夜交替，我们会"以 25 小时为周期"作息。既然如此，那么为什么我们每天还能定时起床呢？这是因为我们体内以 25 小时为周期的生物钟，每天都会被校正。

换言之，24 小时的周期的确源于地球自转的影响，但是这个周期存在于人脑中其实另有其因。

动物在进化中可能会不断地形成各种不同的周期，也许曾经有些物种的周期是 2.5 天，有些是 1.7 天。只不过周期"接近 24 小时"的动物，比如以 25 小时为周期的动物最容易区分昼夜，因此在生存上较有利。现在，几乎所有的生物以 25 小时为周期生活，由此我们可以推测，这些动物在进化的早期阶段就形成了这种周期。

谈到昼夜节律时，有一个不容忽视的大脑部位，即"视交叉上核"（suprachiasmatic nucleus）。视交叉上核位于人脑的深处，直径大约仅有 2 毫米，是一个极小的脑功能区。

曾经有人做过这样的实验，从老鼠的脑中取出视交叉上核进行酶处理，使神经元充分分离，接着将神经元一一放入培养皿中。只要供给营养，培养皿中的神经元也能健康成长，形成神经回路。之后，实验人员观测了这些神经元的活动情况。

实验观测结果令人吃惊，培养皿中的神经元存在周期节律 [2]。也就是说，视交叉上核的神经元是一种"自动时钟装置"。但实验也发现，不同的神经元，其周期节律也各不相同，从 20 小时到 25 小时不等。由此我们似乎可以推测，各个周期节律不同的神经元，通过构建神经回路，会形成一个有规则的周期节律 [3]。

动物的 25 小时周期是由脑神经元聚集在一起后自主形成的。不过，也有实验结果表明 [4]，将肺部、肝脏或肌肉的细胞分离后进行培养，这些细胞同样也呈现出了周期节律。由此我们可以进一步推测，我们的昼夜节律，也许通过整个身体的同步形成的。

为什么人在"浅睡"时会做梦

有时候我会想"人不用睡觉该有多好"，这样一来，我就可以拥有更多的时间来做研究。正如前文所述，即便处于睡眠状态，身体也在消耗大量的能量。既然如此，如果一直不睡觉，专心致志地从事研究工作，那么取得重大发现的机会不就大大增加了吗？

睡眠究竟有什么样的意义呢？

对于这个问题，科学上尚未有明确的解释。不过可以确定的是，人不睡觉会死。人的一生很长，3天不过是非常短暂的时间；但是，如果人在3天的时间里完全不睡觉，就会产生幻觉，受到幻听困扰。就算只有一个晚上熬夜不睡，也会导致注意力不集中、学习能力下降，想必不少人有过这样的体验。虽然原因还不得而知，但非常遗憾的是，睡眠是不可或缺的行为。人的身体似乎就是如此设计的。

睡眠稍有不足，就会造成学习能力和记忆力下降，因此人们常说睡眠对记忆十分重要。这种说法确实是正确的，不过如果说"睡眠是为了记忆而存在的"，就言过其实了。我认为，睡眠的目的不仅限于记忆，而是能对生存起到更为本质的作用。

睡眠分成"浅睡"（快速眼动睡眠）和"深睡"（非快速眼动睡眠）。这是基于大脑活动的分类。从身体的层面来看，情况刚好相反，即快速眼动睡眠阶段，身体反而睡得更深。

人在浅睡时会经常做梦。浅睡时的大脑活动状态与清醒时相同，甚至有些大脑部位的活动比清醒时更为活跃[5]，但与此同时，身体却会如死亡般纹丝不动。这意味着身体已经进入熟睡状态。

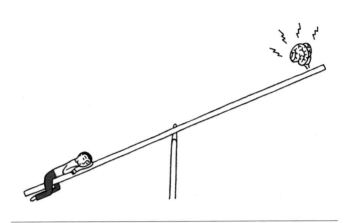

图 14-1　"浅睡"（快速眼动睡眠）时，
　　　　身体如死亡般纹丝不动，大脑的活动反而越发活跃。

人在深睡时偶尔也会做梦。令人意外的是，大脑神经元活跃度最高的状态，就出现在深睡阶段 [6]。不过，此时大脑整体的活动很简单，活动模式大幅减少 [7]，神经信号的传输也变得不顺畅 [8]。在这个睡眠阶段，人的身体睡得不太安稳，会动来动去，比如不自觉地翻身。

总而言之，在睡眠过程中，大脑和身体保持着一种此起彼伏的"跷跷板"关系。大脑高效运转时，身体会进入休息状态；而身体在活动的时候，大脑则降低了活动效率。

解开"鬼压床"之谜

人为什么会在浅睡时，即身体在睡眠状态时做梦呢？

浅睡时，身体活动的"开关"相当于"关闭"了。此时做梦，梦只会停留在大脑内部，这可以防止梦中做出的指令传达到身体。反之，梦一般不会发生在深睡时，那么"打开"身体开关应该也没问题。

人在幼儿时期的睡眠深浅周期不明显，所以在睡眠过程中大脑的指令也会传达到身体，出现说梦话等现象。大家是否也有过类似的经历呢？比如，做梦时梦到自己在踢足球，现实中也会做出踢被子的举动。梦境与现实交融的情况在人的小时候会经常出现，但长大后这种情况会变得越来越少。

梦游症，其症状常见于深睡时，即身体处于清醒状态时，所以此时的人能够来回走动，不过当事人几乎没有任何意识。跟梦游的人说话，他们有时候也会应答。即便是在深睡阶段，人的大脑也没有完全睡着，所以出现了这种现象。

反之，人在做梦时突然醒来，有时会发现身体无法动弹。这个现象即所谓的"鬼压床"，学名叫作"睡眠麻痹"（sleep paralysis）。快速眼动睡眠（浅睡）阶段，人的身体处于深度睡眠状态，如果此时突然醒来，会感觉无法控制身体。此外，在该阶段突然醒来，人的意识状态会继续处于梦中。因此，"鬼压床"发生时，人经常会产生不符合现实的幻觉。

有趣的是，"看到鬼""听到走廊传来奇怪的脚步声"等许多怪谈常与"鬼压床"相伴而生。比如，"夜里醒来，枕边坐着本已过世的祖先。因惊吓放声大喊，却怎么也发不出声音。身体无法动弹，仿佛中邪了一样，没办法逃走"。我不知道世上是否存在幽灵，但是自古以来，在讲述撞见鬼的故事时都离不开"身体无法动弹，恐惧万分"的桥段。从医学角度分析的话，其中的几点确实属于"鬼压床"发生时所产生的幻觉。

睡眠麻痹算是一种"睡眠障碍"。一提到"障碍"一词，有人可能会担心。不过，这种现象在任何人身上都有可能会出现，而且即便出现也不要紧。如果有人声称睡醒时"见到了鬼"，这很可能是"鬼压床"发生时产生的幻觉，而并非什么精神问题。

"90分钟的倍数"——关于睡眠时间的建议

人刚入睡时，会先进入浅睡眠，之后逐渐进入深睡眠，接着再次进入浅睡眠。这个周期大概为90分钟。如果人在深睡眠阶段被闹钟吵醒，就会感到脑袋昏昏沉沉。就我个人而言，我会一整天都非常困（也许是心理作用），而且头脑也不清醒。

在浅睡眠阶段快结束时醒来是比较自然的，所以最好能掌握自己的睡眠周期，然后根据周期来确定起床时间。我一般将睡眠时间定为 90 分钟的倍数，即 4.5 小时（270 分钟）、6 小时（360 分钟）或 7.5 小时（450 分钟）。

拿破仑拥有"短睡眠"基因？！

前文曾提到过，研究发现了拥有短睡眠基因的苍蝇 minisleep，我通读过论文后备受鼓舞。短睡眠基因的相关技术在进入应用阶段前，还需要解决包括安全性在内的许多问题。不过，通过刺激短睡眠基因来提高睡眠质量，这肯定能够实现。

在历史人物中，有人或许就拥有短睡眠基因，比如一天只睡 3 小时的拿破仑（如果这不单是奇闻逸事）。不过有意思的是，短睡眠者在过去似乎没有什么优势，至少不会像我们认为的那样具有什么明显的优势。当然，在将来的忙碌社会中，短睡眠也许能变成一种优势。但是，短睡眠也不是那种值得我们期待的优异特质。

发现 minisleep 这种短睡眠苍蝇确实是极具话题性的新闻。事实上，人类中也存在短睡眠的"血统"，由此可以推测人类也存在短睡眠基因。不过，短睡眠基因的真相竟然在于传导钾离子的通道即"钾离子通道"（K⁺通道），这着实让人感到意外。

通常情况下，神经元的细胞膜传导钾离子时，神经活动会受到抑制。也就是说，钾离子通道具有抑制神经活动的作用。控制钾离子活动的基因，其功能一旦发生变化，那么睡眠时间也会随之发生变化。睡眠时间变短一般会造成注意力和记忆力减退，但minisleep身上却完全不存在这种情况。也许将来可以开发出靶向刺激钾离子的药物，说不定通过药物选择生活节律的日子也指日可待。比如，我们可以选择"今天来一次短睡眠"。

既然存在"短睡眠"，那么同样也存在与之相反的"长睡眠"。有些人"一天没有睡够13小时，会觉得自己好像没有休息过"，想必其中也有一部分原因在于基因。这类人很容易被打上"懒惰"的标签，但是如果这种状况真的取决于基因，那就不能说这类人懒惰了。宽容地接受与自己不同的他人，这种态度应该是未来社会中重要的品质。

第 15 章　大脑也会失眠
——"睡眠"是整理信息和增强记忆的黄金时间

　　想要掌握知识，并不是一个劲儿地学习就行，睡眠也非常重要。脑科学的研究表明，大脑会在睡觉期间重现身边发生的事。梦就是记忆在脑中重现的形式之一。大脑也会在睡眠过程中，整理那些需要储存的信息。当然，大脑在白天也会重现信息，但切断外部信息输入的"睡眠"状态，是有大脑专心整理信息的黄金时间。

　　2000 年，哈佛大学的斯蒂克戈尔德（Stickgold）博士做过一项"断眠实验"，通过研究众多受试者的情况得知，想要提高记忆力，至少需要 6 小时的睡眠时间。而且，斯蒂克戈尔德博士根据睡眠的特殊规律，向媒体表明睡 7.5 小时的效果最佳。

　　但是对于忙碌的人而言，很难确保每天 7.5 小时的睡眠时间。刊登在英国学术期刊《神经科学》上的一篇论文[1]，让长期睡眠不足的上班族感到欣喜不已。这篇论文的作者是苏黎世大学的戈特泽利希（Gottselig）博士，她要求受试者记忆某个连续的音列，并在数小时后测试他们准确记住的程度。尽管实验过程相当不容易，但在记忆前保持充足睡眠的受试者一律取得了高分。也就是说，睡眠具有"增强记忆的效果"。

她还发现，在增强记忆方面，"闭上眼睛并且放松"的效果同睡觉一致。也就是说，促进学习的必要条件并不是睡眠本身。只要能阻断外部环境的信息输入，大脑就能够整理信息，哪怕是稍微打个盹儿也可以 [2、3]。即便忙得无法保证充足的睡眠，但只要能为大脑提供切断外部信息输入的"个人时间"，这就足够了。大脑中的信息会自然而然地整理妥当，如葡萄酒在酒窖中发酵一般。

对于失眠的人或因第二天有重要工作而紧张得无法入睡的人来说，这也是一个好消息。失眠时只要安静地躺在床上，其效果对大脑而言与睡觉无异，所以无须因失眠而有压力。另外，戈特泽利希博士还表示，边看电视边休息是毫无效果的，因为彻底切断外界信息的输入才是关键。

最后向大家介绍一项发表在《神经科学杂志》上的研究 [4]。这项研究是由吕贝克大学的马歇尔（Marshall）博士开展的，她在受试者的头皮上连接电极，对其前额施以电流刺激，结果发现电流刺激有助于提高记忆的留存率。而且，有趣的是，只有在睡眠中的电流刺激才能达到增强记忆的效果，清醒时的则毫无作用。换言之，电流刺激进一步增强了睡眠的效果。

也许在将来，人们可以利用辅助设备来实现睡眠的效果，从而减少实际的睡眠时间或干脆舍弃睡觉。

进一步解说
记忆在睡眠中会"快进"

一项以老鼠为实验对象的海马体实验，记载了一组记忆在睡眠中再现的实验数据[5]。这组数据证实了"睡眠有助于改善记忆力"。

海马体中存在一些能对生物体所处位置产生相应反应的神经元[6]。比如，"A神经元"会对"A地点"产生反应，"B神经元"会对"B地点"产生反应。因为海马体对位置的反应极为准确，所以只要监测海马体的活动，就能知道老鼠现在所在的位置[7]。

引导老鼠按照"A地点→B地点→C地点→D地点"的顺序在迷宫中来回移动，接着再让它返回饲养室休息。结果发现老鼠在睡觉时，它的海马体中出现了"A地点→B地点→C地点→D地点"这种对相应位置的连锁反应[8]。这是因为在睡觉期间，大脑中的记忆会重现。

一般认为，梦基本上是白天经历的事情的重现。人一个晚上做梦的时间大约为 1.5 小时,但是我们睡着后,会梦到非常多的事情。

也许有人认为:"一天 24 小时中,做梦的时间只有 1.5 小时,根本也梦不到多少事情嘛。"事实上,睡眠中记忆重现的速度比现实中的时间流逝速度要快得多。比如,我们只是在上课时打了一个小盹儿,就有可能做了一个故事很长的梦。特别在深睡眠阶段,记忆重现的速度是正常时间流速的几十倍[9]。

如果每天做梦的时间为 1.5 小时,那么简单换算一下可知,梦可以重现超过一天 24 小时的信息量。不过很遗憾,睡醒后我们几乎不会记得梦的内容,因为记忆不会停留在意识层面。虽然有时候也会记得,但那多是在睡眠最后的浅睡眠阶段,即早晨醒来之前刚做的梦。这些梦中往往有奇怪的场景给人留下了深刻的印象,所以起床后也会记得。

不做梦时,大脑在做什么?

梦可以将碎片记忆拼接在一起,构建一个新的故事。

有研究者认为,梦存在的目的在于确保"记忆信息的相容性"。在梦境中,大脑对我们日常生活的经历进行随机组合和重现,所以有时会创造出奇怪的故事,让人摸不着头脑。这种"奇怪"的感觉会深深地留在记忆里。

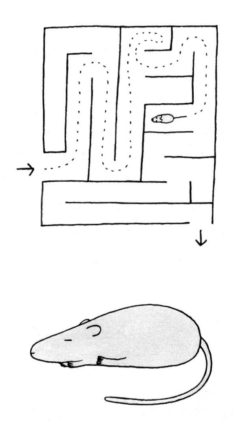

图 15-1　老鼠睡觉时，它的海马体会重现关于迷宫的记忆！

自古以来,(能记住的)梦都很离奇,天马行空。因此,有些人将其视作艺术的源泉。在科学家中,也有人在梦中得到启发,其研究成果还获得了诺贝尔奖,比如发现乙酰胆碱是一种神经递质的德国药理学家奥托·勒维(Otto Loewi)。事实上,从门捷列夫发现元素周期表,到披头士乐队创作《昨日》(Yesterday),人在梦中获得启发的故事不在少数[10]。

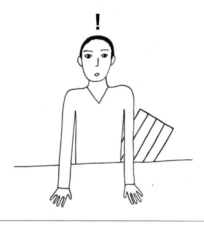

图 15-2 灵感闪现的源头也在"海马体"。

那么,在不怎么做梦的深睡眠阶段,大脑到底在做什么呢?

大脑似乎在"将海马体的记忆传输到大脑皮质"。也就是说,大脑在浅睡眠阶段尝试对信息进行不同的组合,确定以后,就接着在深睡眠阶段将信息压缩后传回到大脑皮质[11]。信息从海马体被复制到大脑皮质以后，将被长期储存。也就是说，海马体会要求大脑皮质"储存这些信息"。

"闭眼并放松"即可

2006 年 3 月的《自然》杂志刊登了一篇耐人寻味的论文 [12]，该文章指出"记忆重现的现象并不只在睡眠中发生"。

在前文提及的实验中，老鼠先在迷宫中按照"A 地点→B 地点→C 地点→D 地点"的顺序来回移动，当老鼠停下脚步时，其海马体中对应的神经元 ABCD 会在这个瞬间产生记忆重现现象。而且，此时记忆重现的时间被快速压缩，与深睡眠阶段的压缩活动相似。也就是说，除了在梦中，大脑在清醒状态下也会"反复回味当时的经历"。

既然如此，有观点便认为"记忆重现无须特意依赖于睡眠"。这一观点来自前文提过的苏黎世大学的戈特泽利希博士。她在论文中指出，"即便不睡觉，'闭眼并放松'对学习的促进效果也与睡眠一致"。

想要记住学过的知识，睡眠是必不可少的前提条件。如果没办法睡觉，那就"闭眼并放松"，但是在此期间，绝不能打开电视或收音机。因为在外界信息不断输入的环境下，大脑无法顺利实现记忆重现。

最近，睡眠本身的重要性饱受质疑。前些日子，我有幸见到了研究睡眠的专家艾伦·霍布森（Allan Hobson），他似乎也持有同样的看法，毕竟大脑在清醒状态下也能实现记忆重现。如果仅关注记忆这一个方面，那么"切断外部信息的输入"确实显得更为重要。

不过，大脑在清醒状态下重现记忆是非常困难的。人处于清醒状态下，总会忍不住做些事情，比如看电视、聊天、玩游戏、上网等，所以我觉得切断外部信息输入的最佳方法，果然还是睡眠。

第 16 章　大脑也会"波动"
——比 α 波更重要的 θ 波

　　不少人应该听说过"脑电波",比如媒体上常说"人在放松时,大脑会释放 α(阿尔法)波""当过度玩游戏时,大脑的 β(贝塔)波会减少",等等。在与大脑相关的话题中,脑电波是人们最熟悉的主题。但是,站在脑科学家的角度来看,有关脑电波的表述基本上依据都比较薄弱。"因为脑电波是这样的,所以人的精神状态就是那样的"这种因果关系,事实上很难去证实。

　　在脑科学研究中,拥有可靠实证数据的脑电波大概只有"θ(西塔)波"和"γ(伽马)波"。事实上,有关 θ 波和 γ 波的学术论文在学术界可谓层出不穷,而大众熟知的 α 波和 β 波在研究领域则很少见到。θ 波和 γ 波更有趣也更重要,但不知道为什么,媒体不太报道它们,这让人十分费解。

　　θ 波与"记忆"等大脑功能息息相关,它出现于大脑对外界事物产生兴趣的时候,比如接触新事物或进行冒险时等。θ波能激活海马体的神经回路，使大脑保持较高的敏感度。

γ波与意识和注意力息息相关，比如当注意力集中在特定事物上时，整个大脑的γ波会保持同步。据威斯康星大学于2004年11月发表的一组数据显示，亚洲的某些僧侣可以通过冥想来控制γ波的强弱[1]。虽然还有许多未解之谜等待解决，但是θ波和γ波与记忆力和注意力等高级大脑功能存在着密切联系，这一点是十分明确的。

接下来，我想向大家介绍伦敦大学罗斯维尔（Rothwell）博士关于脑电波的研究成果[2]。这篇论文发表于2005年1月的《神经元》杂志上，他利用脉冲磁场研究了大脑受到刺激时的身体反应。一般情况下，当大脑受到刺激，被刺激的部位会出现相应的反应，比如与意识无关的腿部活动或视野出现歪曲等，有时还会产生幻觉或唤醒以前的记忆。

在这篇论文中，罗斯维尔博士刺激了受试者控制右手的大脑皮质。当然，该部位一受到刺激，受试者的右手就无意识地动了起来。这并不是什么新发现，但是实验的后续研究极为有趣。罗斯维尔博士使用由θ波和γ波组合而成的复合波对该部位施以刺激后，受试者右手的反应时间变短了，其手部动作变得十分迅速。而且，这种作用在施加刺激后仍持续了1小时以上。

这一发现具有划时代的意义。在以往的实验中，对脑部的刺激的作用仅限于被刺激的瞬间。也就是说，身体在脑部受到刺激后的一瞬间会出现反应，但其作用持续不了多久，而罗斯维尔博士的刺激作用竟然超过了 1 小时。这一事实表明 θ 波和 γ 波具有特殊性。

一方面，这项研究成果的潜在意义不容忽视。虽然效果还停留在初始水平，但罗斯维尔博士的实验成功地以人工手段强化了运动神经。虽说作用只持续 1 小时，却可以轻松提高相应的能力。就现阶段而言，在安全性方面也不存在问题，只要有效加以利用，也许能为人类的能力和生活方式带来巨大的改变。说不定还可以从中发现商机，进而出现一个新产业。

当然，从另一方面来看也存在顾虑，那就是这也算一种"兴奋剂"。目前一般是通过检测尿液或血液中的药物浓度来检测体育运动员是否使用了兴奋剂，不过，通过脑部刺激而起作用的"兴奋剂"又该如何检测呢？这是一个棘手的问题。

科学时而会变成一把双刃剑，尤其是脑科学，它会给人类未来的伦理观带来猛烈的冲击[3]。作为一名脑科学家，我也一再提醒自己要引以为戒，在脑科学领域推动人类发展时要十分谨慎。

进一步解说

注意力高度集中时，大脑会释放"θ波"

θ波释放于海马体的周边，α波主要释放于大脑皮质。在大脑表面连接电极监测脑电波的话，能够清楚地记录大脑皮质的α波和δ（德尔塔）波。

与之相比，海马体部位的脑电波位于大脑深处，在头皮表面监测不到，所以在实验中需要将很细的电极插进海马体来记录脑电波，或者从脑中取出海马体后，再插入电极来监测。不过，海马体一旦从大脑中取出，就不会释放θ波了。这非常有意思，当海马体脱离大脑时，其神经回路是静止的。如果对海马体施加少量可以刺激"乙酰胆碱受体"的特殊药物，那么海马体就会释放θ波[4]。θ波是节律一般为每秒5次的脑电波，其频率比α波和β波的频率更缓和。

形成振荡频率的装置称作"振子"或"振荡器"。θ波的振子位于海马体内部，乙酰胆碱受体一旦受到刺激，海马体就会开始产生振荡。

那么，乙酰胆碱又来源于何处呢？

大脑中存在可以释放乙酰胆碱的部位，这些部位与海马体相连。比如"隔区"（septal area）这一大脑部位的神经元储存着大量的乙酰胆碱，该部位通过突触与海马体相连。

153

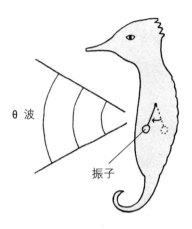

θ 波

振子

图 16-1　让大脑保持高敏感度的 θ 波。
释放 θ 波的"装置"也位于海马体内部。

　　也就是说，虽然 θ 波的"源头"来自海马体的外部，但
释放 θ 波的装置位于海马体内部[5]。

　　通过观察老鼠的行为，人们发现 θ 波并不是随时可以产
生的。长时间处于休息状态时，大脑并不会释放 θ 波。总体来说，
θ 波产生于不断走动的时候，但又不是单纯的走动，而是搜索
周边环境，特别是初到新环境时更为明显。请各位试着把自
己想象成一只老鼠。"这里是哪儿呀？往这边走，能走到哪儿
呢？"像这样，当我们带着兴趣行走时，大脑就会产生 θ 波[6]。

　　换言之，大脑在关注外部世界时会更强烈地释放 θ 波。
因此，通过监测老鼠的 θ 波可以了解它是否对所处环境感兴
趣。事实上，集中注意力时也会产生 θ 波，这个现象在人类

身上也发现过[7~9]。

跟随 θ 波的节律

增强 θ 波的药物，即增加大脑中的乙酰胆碱的药物目前正在研发中。反之，也存在抑制乙酰胆碱功效的药物，该药物会减弱 θ 波。使用药物控制 θ 波的强弱时，老鼠在迷宫中寻找正确道路的能力也会出现相应变化[10~12]。这是在行为层面上研究 θ 波的实验。

另外，也有在突触层面上研究 θ 波的实验。"突触"是传输神经信号的通道，这种通道具有"时强时弱"的变化特性，该变化被称为"突触可塑性"。突触可塑性被认为是记忆和学习行为在突触层面上的机制。记忆形成于突触电阻的变化——此观点已获得广泛认同。

要想在海马体中引发突触可塑性，就必须让突触进行高强度、高重复性的活动。

也就是说，为了掌握新知识，我们必须多次耐心地复习。突触也一样，如果不进行重复性活动，就无法引发突触可塑性（突触的学习）。

不过，有一种刺激模式会引发更为高效的突触可塑性，即"θ 刺激"。如果按照 θ 波的节律刺激突触，即便重复刺激的次数很少，也能引发突触可塑性 [13]。

另外，通过激活乙酰胆碱，让海马体自身释放 θ 波，这时的海马体也很容易引发突触可塑性 [14]。

根据我自己的实验数据，我也认为 θ 波的节律最容易引发突触可塑性。简单地说，θ 波有助于提高突触灵活性，从而创造出利于学习的状态。事实上，只要测量大脑释放了多少 θ 波，就可以预测实验中受试者的考试成绩。大脑释放的 θ 波越多，受试者的成绩则越好 [15]。

"重复" 200 次才记住的兔子

关于 θ 波的研究，贝里（Berry）博士于 2005 年 9 月发表了一篇有趣的论文 [16]，其实验的研究对象是兔子。

有些人可能会有疑问："在开展记忆实验时，为什么要用兔子或老鼠作为研究对象呢？既然要研究记忆，还是以人类作为对象才行吧，或者至少也得是猴子吧？不然能研究出来什么东西？"这种观点的确有道理，但以人类作为对象开展实验存在一定的困难。因为记忆力因人而异，存在偏差，而且即便是同一个人，其能力也会随着自身状态的差异而产生变化。

比如，人会存在很多复杂的心理因素："昨天不小心熬夜了""这个测试真麻烦，赶快结束吧""刚喝了咖啡，脑袋很

156

清醒""这次参加实验的时薪只有 700 日元，还是上次的报酬高"，等等。

心理因素对人类记忆力的影响相当大，因此以人类作为对象开展实验的话，很难获得准确的数据。同样，猴子也是非常聪明的动物，实验人员稍微不注意，猴子就会偷懒。

从这一点来看，老鼠和兔子等动物总是能全力以赴参与实验。在研究类似记忆这样模糊又不好把握的东西时，兔子和老鼠等实验动物比人类或猴子要合适得多。

基于以上原因，贝里博士选择了兔子作为实验对象。

如果对兔子的眼睛突然喷射气流，兔子就会眨眼。这和人类的反应一致，不过是一种反射行为而已。

如果在兔子到听警报器的响声后再对着它的眼睛喷气，并不断重复此这套动作，那么在重复的过程中，只要警报器一响，兔子就会闭上眼睛等待，它也许在想"接下来会对着我的眼睛喷气了"。这和"巴甫洛夫的狗"一样，属于一种条件反射，其专业术语称为"瞬目反射"。

只有海马体正常发挥功能时，生物体才能形成这种反射。也就是说，对于测试海马体的性能，这是一个不错的实验方法。

人类拥有语言，只要被告知"警报器一响就会对着您的眼睛喷气，请闭上眼睛"，人就可以立刻记住警报器和空气之间存在的因果关系。但是兔子没有语言，该如何告诉它其中的关系呢？

答案是只能不停地重复。那么，需要重复多少次呢？大约需要 200 次。不过，200 次这一数值只适用于出生才半年的小兔子，2-3 岁的成年兔子又是另一种情况。调查结果表明，经过 800 次的重复测试，成年兔子才能记住。

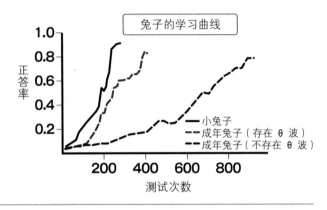

图 16-2 "巴甫洛夫的狗"的兔子版本。
小兔子在重复大约 200 次后才能记住。
（引自《美国科学院院刊》2005 年第 102 卷第 13284 页）

这样说来，兔子在上了年纪以后，记忆力似乎也会逐渐衰退，海马体的性能看起来会随着年龄的增长不断下降。

但我们若因此而感到沮丧，那就大错特错了——这篇论文的关键内容在于"θ波"。

兔子的情况和人类相同，有时候会产生θ波，有时候不会。那么，只在θ波产生的时候学习，又会出现什么样的结果呢？研究表明，无论是小兔子还是成年兔子，都取得了优异的成绩，而且几乎不存在差距。也就是说，只要在大脑产生θ波时学习，就算是年纪大一些的成年兔子，其大脑的性能也与小兔子的没有太大区别。

"理所当然"的想法会降低大脑的性能

"也许是年纪大了的缘故，最近记忆力都衰退了。"这种说法并不正确。

前文中的论文表明，记忆存在两个关键点。一是即便上了年纪，海马体的性能也不会下降，它能够发挥的作用与人年轻时没有太大区别。二是要说上了年纪以后，到底是什么发生了变化，答案是θ波。

θ波与注意力和兴趣息息相关，比如是否感到有趣、是否对知识保持好奇、是否拥有探索心等。如果没有θ波，那么大脑确实看上去会出现性能退化。归根结底，比起大脑的性能，如何运用大脑才是问题的关键所在。

对我们而言，"习惯化"（habituation）是最大的敌人。

如果我们陷入习惯化的旋涡，θ波就不会产生。人一旦上了年纪，很容易出现这样的情绪，比如"这种事，不用做就知道怎么回事""这不就是和之前一样嘛，真麻烦""这部电视剧的情节发展很常见啊"。本应该每天对家人和收入心存感激，却也渐渐当成了"理所当然"。明明世上充满着奇闻逸事，这类人却把自己封闭起来，对一切变得麻木、没有感觉。这种习惯化，就是我们必须要战胜的敌人。

小孩子的记忆力看起来特别好。的确，小孩子在某些方面的记忆力上非常优秀，不过这里的重点其实在于，他们的好奇心比大人更强。在小孩子看来，自己的所见、所闻、所感都很新奇，这与已经习惯一切的大人完全不同。

大脑为什么又需要"习惯化"？

如果习惯化对记忆无益，那么大脑结构为什么又被设计成容易习惯化呢？两者之间自相矛盾，甚至让人觉得这种设计本身就是大脑的缺陷。

当然，这并不是缺陷，习惯化是有必要的。

现在，我面前的桌子上放着一瓶塑料瓶装的茶，当我看到这瓶茶时感觉"塑料瓶真有意思"，此时大脑会产生 θ 波。小时候第一次看到塑料瓶时，心中会感到惊喜，觉得十分新奇。如今新鲜感早已消失不见，塑料瓶变成理所当然的存在。如果现在每次看到塑料瓶都感到惊喜并感慨颇深的话，那么就会对其他工作造成影响。看到塑料瓶时，大脑立刻将其处理成塑料瓶就可以了。一旦我开始认真思考"塑料瓶到底是什么样的存在"，就会妨碍日常生活。

因此，人在第一次见到某种事物时，大脑会产生兴趣，会主动去探索"这是什么东西"。不过经历过一次后，大脑则会将其视为理所当然，专心处理其他更重要的事物，这一过程非常重要。为了加快信息处理速度，提高处理效率，大脑才设计了习惯化的机制。

然而，与θ波相关的实验数据表明，习惯化是抑制海马体充分发挥作用的罪魁祸首。因此，习惯化也是一把"双刃剑"。说到底，灵活调节习惯化的程度，并对这种机制加以运用才是关键。

自由释放 α 波的方法

最后再来聊聊 α 波。

人在放松的状态下，大脑皮质会释放 α 波。虽然原因尚不明确，但精神放松和 α 波之间确实存在一定的关系。

我们自身无法感知大脑是否在释放 α 波，不过如果可以感知的话，应该会很有意思。在头部装上测量仪器就可以测量脑电波。如果有一种设备能只在检测到 α 波时让眼前的指示灯亮起，那么我们就能很方便地知道自己的大脑正在释放 α 波了。

事实上，类似的设备正在研发中，与此相关的技术则被称为"神经反馈技术"。这是人类的一种尝试，想要借助机器来感知原本无法感知的大脑活动。

　　我曾经在学会见过一套有趣的设备：受试者的大脑一旦产生α波，设备中的电车模型就会在环形轨道上不停地行驶。也就是说，受试者并没有主动想要释放α波，只是觉得眼前行驶的电车模型很有趣，想让它行驶下去，而在这个过程中，他的大脑产生了α波。

　　结果，受试者居然可以自主地产生α波，即每当受试者想起电车模型行驶的场景，其大脑都会产生α波。这种方法十分有趣。用这种方法来训练，可以让人主动地放松大脑。研发神经反馈技术的目的是治疗癫痫，不过现在它也开始用于治疗焦虑症和多动症等疾病。

　　我认为神经反馈技术不仅可以用于治疗疾病，在日常生活中也能发挥作用。比如，感到工作压力大的时候或者因为和朋友吵架而感到怒火中烧的时候，只要让大脑中的电车模型跑起来，就可以释放α波，让自己放松下来了。

　　在社会生活中，争吵和纠纷会消耗巨大的能量。人们常说自己睡一觉起来，就会恢复平静。不过运用神经反馈技术的话，只要想象电车模型行驶的画面，当场就能让人的心情恢复平静。这样一来，岂不是能大大减少社会生活中的能量消耗？

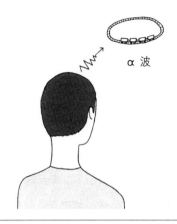

α 波

图 16-3　生气时，只要让大脑中的电车模型跑起来，就可以冷静下来？！

　　极端地说，如果在义务教育阶段的课程计划中增加"释放 α 波的方法"这门课，应该会很有意思。我甚至对此抱有一丝期待。如果可以通过科学训练培养"自制力"，将来社会中的犯罪行为也会减少吧。

让大脑根据"情况"活动

　　让大脑释放 α 波，在电子游戏中的应用也十分有趣。

　　在美国，有一款类似迷你足球的游戏。两位选手之间隔着一个球场，选手产生 α 波时，球场上的球便会前后移动，让球进入对方球门就算获胜。大脑越强烈地释放出 α 波，球就越靠近对方的球门。足够放松的选手才能赢得比赛。

我看过比赛录像，球场边围满了观众，他们在大声欢呼。不过，选手们却极为平静。在狂热的欢呼声中，只有比赛双方在努力保持放松的状态，整个画面看起来简直不可思议。如果日本也开发出类似的游戏，我一定要玩一玩。

世人认为"α 波对大脑有益"，其实这种看法存在相当大的问题。换个角度思考，便一清二楚了。比如遭遇强盗袭击时，大脑释放 α 波并没有什么好处，因为放松反而会带来危险。

大脑活动本身不包含"好"或"坏"的标准，这一点十分关键。经常有人问我："怎样才能让头脑变得更好呢？"其实归根结底，大脑的"好坏"取决于"情况"，不能一概而论。就前面的例子而言，重要的是让大脑产生适合当时情况的活动。因此，除了 α 波以外，如果能开发出一款区分 β 波、δ 波等各种脑电波的游戏，那么不仅游戏本身会非常有趣，而且玩它还能帮助我们控制大脑。

第 17 章　大脑也会变糊涂
——DHA 与大脑健康

2004 年，"痴呆"这一疾病名称被更改为"认知障碍"。虽然更改疾病名称并不代表疾病现状发生变化，但避免使用可能会带来误解的疾病名称是一件好事。

严格来讲，认知障碍指的不是某种特定的"疾病"，而是脑变性导致记忆或智力等方面出现障碍的综合征。引起认知障碍的病因多种多样，最常见的要属"阿尔茨海默病"，接近半数的老年认知障碍源于阿尔茨海默病。

学界普遍认为，一种叫作"β 淀粉样蛋白"的毒素在脑中堆积，因而引起了阿尔茨海默病。事实上，健康的人脑中也存在 β 淀粉样蛋白，不过如果不及时清理毒素，经过日积月累就会造成脑萎缩等问题，出现认知障碍的症状。也就是说，这种疾病发展进程缓慢，一般要历经数十年。这也解释了为什么阿尔茨海默病患者以老年人居多。老鼠的脑中也存在 β 淀粉样蛋白，但老鼠寿命短，只能活两三年，所以不会发展成阿尔茨海默病。

不过，近年来人们也能强行让老鼠患上阿尔茨海默病，做法也很粗暴。在阿尔茨海默病患者中，有些人的基因出现变异，脑中变得很容易堆积β淀粉样蛋白。其中有几种致病基因已被发现，于是研究人员将这几种致病基因移入老鼠体内，结果老鼠出生不到一年，鼠脑中就出现了与阿尔茨海默病患者相同的变化，并且出现了认知障碍。老鼠死后，研究其脑可以发现，β淀粉样蛋白的浓度高达正常值的数十倍。

老鼠虽然很可怜，但在研究这只患有认知障碍的老鼠时，人们还发现了一个意外的真相。结合最近（2010年6月）的新观点，在此我向大家介绍两个与日常生活相关的研究。

一是加利福尼亚大学洛杉矶分校的卡隆（Calon）博士发表在《神经元》杂志上的研究[1]，他的研究对象是脂肪。在构成大脑的成分中，脂肪占了50%。卡隆博士发现，在患有阿尔茨海默病的鼠脑中，DHA（二十二碳六烯酸）的含量很少。DHA是大脑机能所必需的脂肪酸，但阿尔茨海默病患者的大脑对DHA的消耗过大，容易导致脑中的DHA不足。卡隆博士的研究成果存在一大亮点，即通过给患有阿尔茨海默病的老鼠投喂"富含DHA的食物"，成功预防了脑变性和记忆力衰退。这项研究的后续进展也十分让人期待。

二是芝加哥大学西索迪亚（Sisodia）博士的原创研究，

其研究成果发表在《细胞》杂志上[2]。一般情况下，实验所使用的饲养箱是一个枯燥无趣的箱子。然而，西索迪亚博士在饲养箱中摆放隧道或跑轮等玩具，像饲养宠物般养育患有阿尔茨海默病的老鼠。实验结果令人震惊，老鼠脑中的β淀粉样蛋白含量竟然减少了70%。进一步研究发现，在生活充裕的环境下长大的老鼠，其大脑用于分解β淀粉样蛋白的酶会不断增多。也许是因为这类酶有助于预防β淀粉样蛋白的堆积。

根据经验，人们认为读书或玩卡牌游戏等环境刺激，有利于降低患上阿尔茨海默病的风险，刚才说的老鼠研究恰好证实了这个观点。既然现在有了明确的科学依据，那么我们在平时就可以多多注意饮食习惯或日常生活的方式。

 进一步解说

什么是阿尔茨海默病？

阿尔茨海默病是在老年人群体中常见的疾病，其患者数每年递增。平均寿命的延长是其原因之一，但并不仅限于此。以前阿尔茨海默病的定义模糊，有相当一部分患者无法判定病名。不过，如今阿尔茨海默病的本质和特征都十分明确，

可以根据国际标准进行诊断。

　　大约在 10 年以前，阿尔茨海默病在认知障碍中的占比为 50% 左右，但现在一些研究者认为，超过 90% 的认知障碍是阿尔茨海默病。虽然没有统计准确的数字，但日本国内的阿尔茨海默病患者数量估计达到了几十万人至 100 万人左右。因为患者数量庞大，所以如何治疗阿尔茨海默病、如何阻止病情发展，以及如何防患于未然等问题都是重要的研究课题。

　　对患者自身来说，阿尔茨海默病是一种痛苦的疾病。不过，患者身边的人却面临着更加艰巨的问题，因为负责陪护的人在精神上和身体上都承受着巨大的痛苦。阿尔茨海默病患者最终也会走向死亡，但是病情发展以年为单位，进程非常缓慢。因此，负责陪护的人需要长年累月地照顾病人。其中也不乏人生计划被大大打乱的情况，比如陪护父母或亲人仿佛变成了自己的人生目的，或者明明处于奋斗的重要阶段，却迫不得已担起陪护的重任。

　　患上阿尔茨海默病后，大脑的所有高级功能都会出现障碍。也就是说，不仅是丧失记忆，患者其他的精神活动也会退化，比如变得不会表达感激等。请设身处地地考虑陪护人员不管怎么努力，也得不到任何温暖反馈的心情。对陪护人员而言，这是极其痛苦的。

图 17-1　对陪护人员而言，阿尔茨海默病是更严重的疾病。

"β淀粉样蛋白" 在脑中堆积之后

在目前阶段，阿尔茨海默病的研究取得了显著进展。

学界普遍认为，阿尔茨海默病的病因源于一种叫作"β淀粉样蛋白"的物质。一个原因是随着人的年龄增长，β淀粉样蛋白会在脑中不断堆积，而且这种物质具有很强的毒性，会破坏神经元。另一个强有力的依据是，如果将加速β淀粉样蛋白过剩的变异基因移入动物体内，那么动物也会出现类似认知障碍的病症。

不过健康的人脑中也存在β淀粉样蛋白，所以严格来讲很难归咎于此。β淀粉样蛋白分为好几种，其中"β淀粉样蛋白 1-42"的毒性特别强。如果这类 β 淀粉样蛋白出现堆积，就可能会引发认知障碍。最近又有观点认为，引发认知障碍的不是某一个 β 淀粉样蛋白，而是多个，比如 12 个 β 淀粉样蛋白组成的"聚集体"[3]。

人差不多从 40 岁起，即早在阿尔茨海默病的症状出现之前，脑中的 β 淀粉样蛋白便开始堆积。其中，比较早的情况大概是从 30 岁开始。一般到 80 岁出现症状时，β 淀粉样蛋白在人脑内堆积的量已经非常多，因此引起疾病的病因已很难根除，阻止病情恶化已是最佳的治疗方法。然而，就现阶段而言，甚至连阻止病情恶化都是一个难题。说到底，目前在临床上只能使用药物暂时改善认知障碍的"症状"（而非病因）。

"以毒攻毒"——将来的治疗方法

关于阿尔茨海默病的治疗方法，在临床科学中有几个试行方案。

一是，β 淀粉样蛋白是由"γ 分泌酶"合成的，目前临床上正在研发一种叫作"γ 分泌酶抑制剂"的药物，旨在通过抑制该酶来阻止 β 淀粉样蛋白的堆积[4]。不过除了合成 β 淀粉样蛋白，γ 分泌酶还发挥着许多其他的作用，因此无法预测 γ 分泌酶抑制剂会引发哪些副作用。

最近，研究发现了有助于降解 β 淀粉样蛋白的"脑啡肽酶"[5]。该降解酶是清除毒性的"清洁工"。有观点认为，如果能找到激活脑啡肽酶的方法，便可以将它制成药物[6]。顺便告诉大家，γ 分泌酶最终是在我从事研究工作的东京大学药学部发现的，脑啡肽酶最终则是在日本理化学研究所发现的。这一研究领域有个特点，即日本的研究者们做出了很大的贡献。

有一项研究结论让人惊讶。

研究人员从体外给已经出现 β 淀粉样蛋白堆积的鼠脑注射 β 淀粉样蛋白，即"以毒攻毒"，结果发现 β 淀粉样蛋白的量反而减少了[7]。注射 β 淀粉样蛋白后，老鼠的体内产生了抵抗 β 淀粉样蛋白的"抗体"。也就是说，可能是 β 淀粉样蛋白作为"外来异物"进入体内后，免疫细胞被激活并产生抗体，进而清除了脑中的 β 淀粉样蛋白。事实上，就算不是 β 淀粉样蛋白，只要注射可以抵抗 β 淀粉样蛋白的抗体，β 淀粉样蛋白一样会减少[8]。

关键是，疫苗治疗法不仅能够清除 β 淀粉样蛋白，还能有效缓解认知障碍的症状[9、10]。以上所有结论虽然都源于老鼠的实验数据，不过现阶段也正在进行人体实验[11、12]。很遗憾，就目前而言，疫苗有引起脑膜脑炎等的副作用，在实用化问题上还存在待解决的课题[13]。

除此之外，还有更实际的方法。

正如前文所述，β 淀粉样蛋白是从发病前开始堆积的。因此也有研究者认为，既然如此，只需出台一项制度，规定所有人从 50 岁开始都要接受脑部筛查，50 岁还处于发病前的阶段，所以一旦在筛查中发现 β 淀粉样蛋白堆积的情况，服用能够预防 β 淀粉样蛋白进一步堆积的药物即可。事实上，诊断 β 淀粉样蛋白是否堆积的技术已经进入研发阶段[14]。不用等到 50 年或 100 年后，也许在不久的将来，阿尔茨海默病就不再是可怕的疾病。

DHA、咖喱和阿司匹林也具有预防效果

除了吃药，其实稍微调整生活习惯，在某种程度上也会改善阿尔茨海默病的症状。比如在前文中也提到过，摄入营养成分 DHA 或加强运动等。

另外，据相对可靠的数据显示，咖喱中的"姜黄素"也有助于改善阿尔茨海默病的症状[15]。一直以来有研究表明，印度人的阿尔茨海默病发病率较低。最开始，研究人员以为是印度人平均寿命较短，所以让人误以为其发病率低。但是之后有研究表明，经常食用咖喱的人即便上了年纪，参加认知能力测评时还是能取得不错的成绩[16]。因此，研究人员又开始讨论印度人和阿尔茨海默病之间是否真的存在联系，并重新开展研究，最后发表了一组关于姜黄素的实验数据。

众所周知，服用 NSAID，即非甾体抗炎药（比如布洛芬、阿司匹林等）的人，其阿尔茨海默病的发病率也比较低。NSAID 是一种日常药物，一般属于感冒药或头痛药的范畴。

这种药物对阿尔茨海默病也有疗效。

服用 NSAID 时，必须达到一定剂量，才会对头痛或生理痛等起到"止痛作用"。与此相比，少量的 NSAID 就能对阿尔茨海默病起到预防作用。听闻有不少美国医生会从市面上购买 NSAID 片剂，每天服用半片。近期的研究已经清楚地解释了为什么 NSAID 对阿尔茨海默病有效，同时也证实了这不是单纯的迷信 [17]。除了阿尔茨海默病以外，也有观点认为 NSAID 对血管阻塞疾病，比如心肌梗死或脑梗死（光这两种疾病就占了日本人死因的 20%）等也具有预防作用，所以 NSAID 目前受到了广泛的关注。

NSAID 中的"阿司匹林"由来已久，也是人类历史上使用最频繁的药物，堪称药物之王。阿司匹林的来源可以追溯到柳树，由柳树制成的"生药"是阿司匹林的原型。事实上，自古以来全世界都知道柳树中含有止痛成分。在日本，牙签以前都用柳树制成，可能就是为了消除蛀牙引起的疼痛。

以前不像现在拥有化学合成技术，药物均由自然物制成。爬行类、昆虫、微生物、植物，都含有许多药用成分，这大概是因为它们在自然界中属于弱势群体。说到底，"药物"是衡量自然物在人类眼中利用价值的标准。对于这些自然界的弱势群体而言，这些成分并不是药物，而是对付外敌的武器，所以它们会积极地制造"有毒物质"。食物链中的弱者想要存活，必须在体内备好有毒物质以与外界抗衡。人类对这种自然界的生存智慧加以利用，将其变成了"药物"。

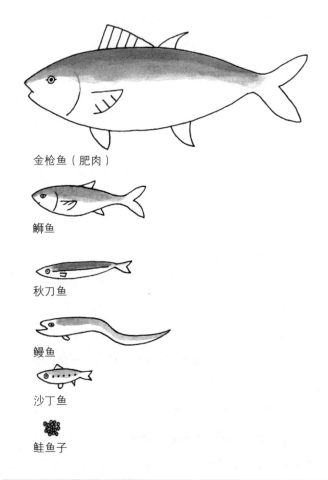

金枪鱼（肥肉）

鲥鱼

秋刀鱼

鳗鱼

沙丁鱼

鲑鱼子

图 17-2　富含 DHA 的食物。

第18章 大脑也会清醒
——肚子饿能提高记忆力

经常有人问我"如何锻炼大脑""如何进一步提高记忆力"等。如果我知道能轻松提高大脑能力的好方法，自己早就先试了。

提升大脑的能力，终究唯有努力，这是我一贯的观点。还有，对实现目标的渴望、对所有事物抱有兴趣的好奇心也非常重要。虽然有些人会提出批评："不用你说，这些我们也知道！"但除此之外确实别无他法。

不过，在了解大脑的特性以后，我们会发现学习的确存在技巧。比如注意力和记忆力在危机状态下会得到增强，这是大脑拥有的普遍特性。在进化成人类前，我们在自然界像其他动物一样生活。人脑也不是变成人类后突然完善的，而是在漫长的进化中逐步变成现在的模样。我们曾经也是在山野中奔跑的动物，那时适应野外生活的天性至今还深深地印在人脑中。

生活在大自然中的动物们经常会面临生存危机，要想高效地规避危机，就要准确牢记遇到敌人的情况或找不到猎物的路线。因为人脑中也保留了以上天性，所以如果危机感在脑中被唤起，就可以提高记忆力。

比如，我们本能地知道入冬后很难获取食物，气温低时大脑会产生危机感。正像俗语"头凉脚热"说的那样，头部温度较低时工作效率反倒提高了。

空腹状态对生物而言也是一种危机，是否能够摄取营养直接与性命息息相关。耶鲁大学的霍瓦特（Horvath）博士在 2006 年 3 月的《自然 – 神经科学》杂志上发表了一项实验结果[1]，证实了空腹状态和大脑之间的关系。该实验着眼于一种生物活性物质，叫作胃饥饿素。胃饥饿素是身体在空腹时释放的消化管激素。空腹时，胃饥饿素顺着血流从胃部流向大脑，比如"下丘脑"这一大脑部位受到胃饥饿素的作用后，会引起食欲增加。肚子饿的时候想吃食物，就源于上述机制。

霍瓦特博士还发现，对于与学习相关的重要脑功能区"海马体"，胃饥饿素也发挥了很大的作用。胃饥饿素流到海马体时，其突触的数量竟然增加了30%，突触活动的变化率也增高了。令人震惊的是，被注射胃饥饿素后，老鼠在迷宫中寻找出口的能力也随之提高。反之，当老鼠的胃饥饿素基因没有发挥作用，空腹信号无法传递至海马体时，其突触数量则比正常情况减少了 25% 左右，最终导致记忆力下降。

另外，还有一点不容忽视，即普通老鼠会对第一次见到的新事物产生兴趣，而实验中这只变异的老鼠对新事物则毫无兴趣。

这样看来，虽说营养对身体不可或缺，但是过度饮食未必对大脑有益。为了保证胃饥饿素能传递至大脑，要注意避免吃得过饱，也要少吃零食。日语中有句老话，叫作"饿着肚子可没法打仗"。在暖衣饱食的现代社会，反而更要重视"饭吃八分饱，医生不用找"的道理。如此看来，锻炼海马体需要不折不扣的"饥饿精神"。

 进一步解说

"语言区"是人类特有的奇迹

空腹使人"清醒"，这句话很有道理。

人是人类，同时也是动物。"肚子饿能提高记忆力"这一典型的动物行为原理，至今还清晰地留在人类身上，并会在无意识中发挥作用。正如前文所述，人类有一半的生理功能与动物相同。

图 18-1 "有什么吃的呢?"肚子饿的时候,大脑却很清醒!

与之相对,探索人类独有的特性,有时也能发现人类这一存在的有趣之处。人类具有一些独有的特性,比如求知欲。"啊呀,原来如此",在恍然大悟时获得的快感大概是人类独有的感受。"自我反省""拥有社会道德伦理""思考自己是什么样的存在,以及宇宙尽头是什么样的景象"……这些大概也是只有人类才会进行的高级抽象思考。我认为大部分人类独有的特性均源于人的一大特点,即拥有"语言"。

"语言区"是人类特有的脑功能区,这非常不可思议。

人以外的动物可以发出声音信号,但不像我们这样能够使用语言。鸟的叫声也存在语法和音节,相对来说比较复杂,但它只不过是一种信号而已。鸟的叫声不能用于抽象思考,即所谓的"内部语言"。

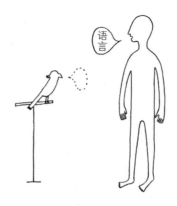

图 18-2 "语言区"是人类特有的奇迹。

复杂的思考一定伴随着语言，因此语言存在两种用法，一是像动物那样用作信号，二是作为思考的工具。

动物和人的区别在于语言。反过来说，除了语言之外，人和动物基本相似。

人的大脑中存在语言区，人拥有创造语言的能力。比如将孩子们放到一个特殊的环境中，他们自己就能创造出新的语言。而且，新语言的诞生一定伴随着句法规则的生成。也就是说，语言存在某种共通的要素。任何语言中都有主语和动词等句法结构，这些语言特性被称作"普遍语法"。

可以说普遍语法是由基因确定的。基因信息决定了语言区的出现，语言区又决定了单词和语法的生成。京都大学灵长类研究所的松泽哲郎老师饲养了一只黑猩猩，名叫"小爱"。小爱能够记住不少语句，却不懂如何使用语法。其中最重要的一点是，小爱在黑猩猩里算得上是特别优秀的存在。但是即便如此，如果没人教它，小爱也不会使用语句。小爱只有从自然的大脑状态中抽离出来，即在极端的人工环境下，才可以灵活地运用语句。而且这些语句并不是语言，只不过是零散单词的简单罗列。

为什么"美味"和"苦味"会因人而异

语言也构成了人类特有的"心理"。

"痛"到底是什么样的感觉呢？大脑皮质中存在"共情神经元"（详见第11章"大脑也会说谎"），因此可以通过移入社会情感的形式感知他人的痛苦[2]，但是神经回路不可能与他人的大脑直接相连，所以在面对他人的痛苦时，我们没办法切身体会到痛感，这也是为什么拳击能成为一种文娱活动。人如果能直接感受到他人的痛苦，那么绝对欣赏不了格斗比赛。

那么，"痛"是什么呢？人当然对自己切身感受的痛一清二楚，同时也明白"这种感觉就是痛"。但是，自己感受到的痛和别人感受到的痛一样吗？比如，对蜥蜴而言痛是什么呢？自断尾巴时，应该感到很痛吧？被鳉鱼吞食的水蚤也感到很痛吧？被狮子活生生挖出内脏的斑马又感觉如何呢？

有一种蝙蝠因为视力衰退，只能凭借超声波"看"周围的风景。我们人类根本无法想象对这种蝙蝠而言，"看"是什么样的感觉。

再举个我们身边的例子。人们在看眼前的某个物体时，自己眼中的物体和别人眼中的物体真的一样吗？自己眼中的红色，在别人眼中同样也是红色吗？

事实上，色彩这个问题在某种程度上存在答案。在感知某种色彩时，视网膜上的光感受器因人而异，其感受色彩的功能会存在些许偏差[3]。

尤其是感知红色的色素基因，每个人都不尽相同。吸收光的波长由基因决定，差异在几纳米（1 纳米 = 10 亿分之 1 米）左右[4]。也就是说，不管是哪种类型的基因，人感知"红色"的波长都存在细微的区别。人类拥有的光敏色素基因，其变化类型远远丰富于其近缘种的动物，比如黑猩猩。为什么人类会进化成这样呢？这也是一个非常有意思的研究课题[5]。

舌头感知美味或苦味的味觉感受器在基因上同样因人而异，最近几年也频繁看到相关论文的发表[6、7]。同时，人在觉得"好吃"的程度上也存在巨大的个体差异。不过的确如此，有时候自己觉得好吃的食物在别人看来并不好吃。这种对感觉的"感受性"和"个性"，其机制在分子水平上正不断得到解释。

语言将不同的感性连接在一起

纵观目前的科学事实，我们在日常生活中所感知的"感觉世界"存在个体差异，这一点毋庸置疑。尽管如此，我们还是会使用"红色""好吃"等通用的语言。细想一下，这非常不可思议。因为不同的人在面对不同的"心象"（即知觉形象）时，使用的却是相同的表达。

在这一问题的处理上，哲学领域有着悠久的历史。康德提出"感性""悟性"等术语，试图区分个性和共性。黑格尔则是为了对矛盾双方进行统一，一直强调"语言"（logos）的重要性。

在"我"中产生了味觉、视觉和痛觉等生动的感觉，或者我们会对这些感觉的产生感到惊奇，这大概都因为人类拥有语言。当然，动物也可能有感觉或想法，不过它们没有语言，所以感知到的世界不如我们的精彩。看着活泼的宠物狗跑来跑去时，我的脑中就浮现这个问题。当然，这个问题尚未得到证明，不过思考人和动物的区别到底是什么，这也不乏是一种乐趣。而且，这种乐趣可能是人类被赋予的特权。

第 19 章　大脑也会让记忆变清晰
—— "复习" 的正确方法

要想牢牢记住知识，只能反复进行回顾和复习——学习指南类的书籍中，一般都会提到这一点。不过，脑科学领域最近开始重新审视"复习"行为。"只要一个劲儿地复习就行"这种观点似乎并不正确。

大脑记忆的建立需要经过多个复杂的步骤，至少分为三个阶段，即"获得""固化"和"重现"。

假设在一个商务场合，我们必须要记住一位初次见面的客户的名字。那么，第一步就是要知道对方的名字。如果连名字都不知道的话，后面什么也做不了。"知道"是将信息传达给大脑的过程，这也是第一个记忆阶段"获得"。接着，第二步要储存信息，这个过程是将信息记录在大脑中，也就是第二个记忆阶段"固化"。第三步是提取记忆的过程，也就是最后一个阶段"重现"。不管当事人是否有所意识，大脑在记忆的过程中都会经历以上三个阶段。

在社会生活中，记忆的关键应该在于"固化"。在许多场合，我们跟对方交换名片时需要记住对方的容貌和名字。如果对方给自己留下的印象很深，那么自然而然就能记住，但如果印象很浅，那么相关信息就很难停留在记忆里。之所以有时怎么也记不住名字，是因为"固化"记忆并非易事。

事实上，人们在研究大脑时发现，"固化"是一个复杂的过程。一般认为，记忆专用的神经网络，其结合模式会呈动态变化，"固化"便是通过这类变化完成的。此时，用于记忆的特定基因会发挥作用。只有通过这类基因合成出必要的分子，记忆才能固化。有趣的是，信息一旦记录在大脑中，那些基因便不再是必要之物了。换言之，即使没有那些基因的作用，大脑也可能完成"重现"。总而言之，记忆需要基因的作用，但如果只是回忆的话，就不需要基因了。

纽约大学的纳德（Nader）博士在 2000 年发表了一项惊人的研究成果[1]，指出记忆除了之前的三个阶段外还存在另外一个阶段，并将这第四个阶段命名为"再固化"。

"再固化"的发现源于研究人员在大脑"重现"记忆的过程中，尝试利用药物阻碍基因发挥作用。当然，因为只是回忆的话不需要基因发挥作用，所以记忆力在整个过程中仍然保持正常状态。然而，令人震惊的是，在这个状态（即基因没有发挥作用）下回忆出来的记忆，之后竟在脑中消失得无影无踪。

换言之，记忆的"重现"是再次对记忆进行固化（再固化）的重要环节。在那之后，一种与之相关的基因被成功发现，记忆"再固化"的研究也引起了广泛关注[2]。

事实上，日常生活中也有与"再固化"相关的例子。

"明明刚才还记得"这种情况便是其中之一。刚才回忆时的"重现"方式不当，会导致记忆变得模糊不清。

漫不经心地去回想某事，也会导致这种情况。记忆的不完整重现，反而会让原本正确的记忆受损，这需要引起我们的注意。当然，复习对学习知识而言必不可少。没有复习，学习也无法成立。但是如果复习不充分，可能反而不利于学习。考虑到记忆的"再固化"问题，有些情况下，也确实会出现"不复习成绩反而变好"等看似矛盾的现象。

为了避免记忆"再固化"的失败，养成"认真复习"的习惯十分重要。

 进一步解说

记忆在"刚记住"时并不稳定

信息只是暂时储存于大脑的"海马体"中，等转存到大脑后，海马体跟这段记忆便毫不相干。也就是说，信息被"固化"在大脑前，是由海马体负责处理的。

那么，"固化的记忆"是以什么形式储存于大脑中的呢？现代科学对此尚未有明确的解释，但是对动物行为进行分析后发现，记住的信息并不能一直保持"稳定"，或者说并非永不消失。记忆在回忆的瞬间也会变得"不稳定"，这一点在前文中已经提到过。

说起来，记忆在"刚记住"时最不稳定。在这一阶段，一旦没有牢牢记住，那么记忆就会变得模糊不清，或者信息根本就不会停留在记忆中，直接从脑中消失。此时的记忆因为处于稳定前的状态，所以与其说它不稳定，倒不如说它"未稳定"。

记忆与抗生素的奇妙联系

如果在老鼠形成记忆的过程中，对其施加名为"茴香霉素"的药物，我们会发现在该药物作用期间，老鼠无法记住东西。茴香霉素不是合成药物，而是自然界中存在的物质，发现于一种叫作"放线菌"的细菌。

普通人应该很少会听到放线菌这个名字，它是一种生活在土壤中的十分常见的细菌，能够分解昆虫尸体等。有趣的是，其他细菌很难在放线菌生活的区域进行繁殖，因此为了清除病原菌，农场经常在肥料里掺入放线菌。

其他细菌之所以很难繁殖，是因为放线菌会释放"毒素"。这种毒素会令周围的细菌死亡，而放线菌自己能够继续生存，从而在自然选择中取得了优势。

事实上，我们人类也可以积极地利用这种毒素。这种毒素可以杀死病原菌，因此当致病菌在体内繁殖时，比如引起感染或化脓等情况下，可以利用这种毒素消灭致病菌。

对人类"有用"的毒素，我们称之为"抗生素"，并将其作为"药物"来使用，而非毒药。市面上有许多种类的抗生素，其中绝大多数来源于"放线菌"。

茴香霉素也是由放线菌创造的抗生素。由微生物创造的这个小小的化学物质竟会阻碍哺乳类的记忆形成，这真的既奇妙又有趣。

在这种情况下，茴香霉素主要对海马体起作用。事实上，当海马体受到电流刺激时，突触的传导效率会提高，但是给老鼠注射茴香霉素后，海马体的突触就不会再增强了。

反之，当记忆经过固化而变得稳定后，即便注射茴香霉素，记忆也不会消失。已经记住的信息对茴香霉素具有耐受性，因此即便注射茴香霉素，老鼠也能正常回忆。实验结果表明，在记忆的"获得""固化"和"重现"等三个阶段中，茴香霉素只会阻碍"获得"的过程。

只要不在药效期回忆，就能回想起来吗？

在这方面，还有一个意外的发现，也关于记忆的"再固化"[3]。刚才提到过，记忆变得稳定后，即便被注射茴香霉素，老鼠也能回想起记忆。但是，如果老鼠是在茴香霉素起作用时回忆的，那么之后便无法再回想起那些内容。

当然，只要不在茴香霉素的药效期回忆，之后还能正常回想起来。基于以上事实可以推断，"回忆"和"重新记忆"是性质相同的行为，记忆在这个过程中会再次进入不稳定状态。稳定储存于脑中的记忆一旦被回忆，又会变得不稳定。

这里用抽屉来举个例子。比如，从抽屉中取出笔，用完以后如果不及时放回原处，下一次要用笔的时候就容易找不到那支笔了。"如果那个时候不去用那支笔，现在就可以很快找到笔在哪里"，回忆变得不稳定，就与这种情况类似。也就是说，信息被大脑记住后并非一直保持稳定。当记忆被"访问"时，它会变得不稳定。

计算机的硬盘不管被访问多少次，都可以让我们顺利提取其中储存的信息。我们只要点击保存，文件数据便可以一直原封不动地储存在硬盘中。但是需要注意的是，保存在人脑中的"文件"，一被访问就会变得不稳定。

图 19-1 "如果那个时候不去用那支笔，现在就可以很快找到笔
在哪里"——记忆会再次变得不稳定。

酒精会强化负面记忆

关于记忆的这种性质，也有研究人员从相反的角度来思考如何加以利用。比如，前文提到的茴香霉素实验。细想一下，通过注射药物，储存于脑中的记忆可以短暂被消除，这不就是人为地"删除记忆"吗？

世间也有人会因某些记忆永不消失而饱受痛苦，比如PTSD患者。PTSD是"创伤后应激障碍"（post-traumatic stress disorder）的英文缩写，指的是个体遭受刺激后负面记忆一直不消失，结果造成心理障碍，表现出恐惧或麻木等精神症状。如果要删除这类有害记忆，那么就可以在治疗阶段利用记忆再固化的特性[4]。

除此之外，人还有一些记忆也需要删除，比如"药物依赖"的记忆。虽然目前还停留在动物实验的层面，不过通过给予"杏仁核"和"伏隔核"等大脑部位使记忆不稳定的药物，研究人员已成功解决了可卡因依赖症[5、6]。

我的研究室在记忆再固化的研究上也有所发现，这里给大家介绍一下。喝酒会造成学习能力下降，对于老鼠来说也一样，但酒精对记忆再固化的具体影响其实一直还不清楚，于是我们研究室利用老鼠开展了相关研究。实验内容是让老鼠在回忆后马上"喝酒"，然后研究记忆在第二天会发生什么样的变化。实验结果表明，记忆不仅没有消失，反而变得更加深刻[7]，这让人十分震惊。

在实验中，老鼠的任务不是学习迷宫解法或找到食物的位置，而是要记住在哪个房间会受到电流刺激，即与恐惧和反感相关的记忆。也就是说，如果在回想"负面记忆"时喝酒的话，反而会增强这段记忆。虽然只是从老鼠实验中得出的结论，但也许同样适用于人类。人类在受到刺激后，如果试图通过喝酒来逃避这段记忆，那么不好的记忆反而会变得越发深刻。

往大了说，也可以理解为"如果一边喝酒，一边抱怨公司或家人的话，这些记忆反而会被加强，所以这种习惯不可取"。

第 20 章　大脑也会不安
——“不确定性”是大脑的养分

不安、习惯化、无力感，这三者是现代人的敌人。关于这方面内容，剑桥大学的舒尔茨（Schultz）博士开展了一项有趣的研究。

舒尔茨博士仔细研究了猴子的神经反应，并在其脑的深处，即被称作“中脑”的位置发现了一种行为特殊的细胞[1]。当猴子被投放食物时，此处的神经元会产生特别强烈的反应。

舒尔茨博士在实验设备上花了许多心思[2,3]，这让研究的意义变得更加深刻。实验中，舒尔茨博士在投放食物前，用光照对猴子发出信号。当然，猴子一开始并不明白光照代表什么意思，不过它很快就发现这是获得食物的预兆。这也就是著名的“巴甫洛夫条件反射”。

舒尔茨博士对明白了信号意思的猴子再次进行实验，结果发现在发出信号并让猴子获得食物的情况下，猴子“中脑”处的神经元没有产生反应。之后，舒尔茨博士故意捉弄猴子，发出信号却不给猴子提供食物，结果发现猴子"中脑"处的神经活动减弱了。这些事实意味着什么呢？

舒尔茨博士发现的"中脑"处的神经元被称作"多巴胺能神经元"，是能够释放快乐的神经元。该神经元对食物产生反应，意味着猴子获得食物时很高兴。不过，当猴子发现信号代表的意思后，便理所当然地认为只要看到信号，就能获得食物，所以对获得食物不再感到快乐。岂止如此，当猴子没有获得食物时甚至还会感到沮丧。这种情况，就像人领到第一笔薪水时会非常高兴，被降薪时又会很沮丧。如果结合我们人类来看，这种神经反应确实表现出了猴子内在的情绪。

在保持注意力和干劲方面，多巴胺能神经元发挥着重要作用。该实验结果说明了一个重要事实。没错，那就是对大脑而言，"习惯化"是"毒药"。一旦失去新鲜感，大脑就难以被激活。

环顾四周，我们将生活中的许多事情认为是"理所当然"。除了薪水以外，还有"平时见到同事和客户时的对话""连日重复单调的工作""上班途中看到的风景"和"家人或恋人"。"习惯化"是大脑的天敌。已经习惯现有生活的人们，可以借此机会重新审视自身。明明世界上到处都充满了刺激性的体验，而我们却对其视而不见，这正是因为"大脑已经习惯了"。

舒尔茨博士的后续研究也非常有趣[4]，他利用"概率"来表现信号与食物之间的关系。概率为 100% 时，猴子看到信号后一定能获得食物；概率为 0% 时，猴子看到信号后一定得不到食物。舒尔茨博士在实验中不断修改概率，结果发现当概率等于 50% 时，多巴胺能神经元的活动达到峰值。也就是说，在不确定的情况下获得奖励，能让人感受到最大的快乐——大脑天生就喜欢"不确定性"。

体育比赛等活动之所以有趣，正是因为其带有"不确定的因素"。对于推理小说，我们一旦知道结局，便失去了乐趣。说到底，人之所以能活下去，也许也是因为"未来"是个未知数。按部就班的人生会让大脑变得迟钝。反过来说，"对未来产生的不安，才是大脑的养分"。

 进一步解说

没有烦恼会导致记忆力减退

前文中提到"不安才是大脑的养分"，但过度感到不安会导致心理出现障碍，精神出现问题。反之，完全不会感到不安同样也会引起问题——它会让人失去动力。

"不安"主要源于"杏仁核"，但除杏仁核之外的其他大脑部位也与之有关。比如额叶右侧部位的大脑皮质一旦受损，便会造成一种略显奇怪的障碍——"烦恼"会消失。

烦恼源于对未来的预测，对未来的预测则是基于经验的计算，其中必须具备两大要素：一是"拥有过去的记忆"，二是"能够想象未来"。只有具备这两大要素，我们才能根据经验制订未来计划。不过，计划的制订又会衍生出"如果进展不顺，该如何是好呢"这样的不安情绪。

　　额叶是我们在制订计划或做决定时产生反应的大脑部位[5]。如果额叶出现部分受损的情况，有时也会引起烦恼消失。

　　当我们听到烦恼消失，也许会庆幸"没有烦恼多好啊"。然而事实上，没有烦恼可以说是一种悲剧。一个人如果没有任何烦恼，在某种程度上的确看似非常幸福，但是这样的人在生活中是没办法适应社会的。

　　没有烦恼带来纯粹的乐观，与烦恼过后收获积极的乐观，这两者之间存在明显的区别。人如果没有烦恼，记忆力也会减退。记忆原本是为未来的自己而储存的，那些不会对未来感到不安、没有动力制订计划的人其实不需要记忆。

　　不过，其中的因果关系尚无定论，众说纷纭。到底是因为不会感到烦恼，所以不能记忆呢？还是因为不能记忆，所以无法预测未来，即无法预测引起不安的源头，最终导致不会感到烦恼呢？总之，这类患者不能正常与人相处，没办法适应社会。

　　"不安"总被归为负面情绪，然而事实上，不安可以说是人类生命的养分，是生活基准的一个重要范畴。

图 20-1 对未来感到不安，但此时大脑已被激活！

"不安源于对未来的预测"，这意味着计划是一种人生彩排。设想将来可能会发生哪些情况，并提前准备多个选项，在无意识中思考以及预演如何处理这些情况。这种彩排便是所谓的预测和计划。不安的情绪大概也是为生活认真彩排的一种证明。

第 21 章　大脑也会抑郁
——信念能改变"痛感"？！

自古以来，春季在人们的观念中便是生机勃勃的季节。挺过严寒，植物开始发芽，动物在山野中到处奔跑。在我们人类看来，春季不像冬天那么寒冷，也不像夏季那么炎热，雨水也比秋季少，是一年中最舒适的季节。

但是对上班族而言，春季貌似并不受欢迎。在这个季节，上班族好不容易熬过忙碌的年末，接着要马不停蹄地迎接新的一年，然后还要为适应新环境伤透脑筋。在这种情况下，能够适应新环境的人和不能适应的人之间，会产生巨大的差距。

在日本，"五月病"会成为这一时期的热门话题。从医学上来看，"五月病"并不是真的疾病，而是"症状"，主要是指人无法顺利适应新的社会环境，因此陷入抑郁或无精打采等状态。当然，这种现象不仅限于五月，一年之中都有可能出现类似症状，但是这个时期处于新一年的开始，所以抑郁情绪更为常见，性格较真的人一般更容易犯病。最近有研究指出，"五月病"的患病率呈上升趋势，出现症状的群体的年龄层也在扩大。

"五月病"出现的原因因人而异。有人是因为环境造成的压力，有人是为了适应环境用力过猛，反而把自己弄得筋疲力尽，有人在理想和现实的夹缝中挣扎，最终丧失了目标和希望。另外，还有不少人只是存在与心理相关的问题，而这些问题与"五月病"的症状没有特定的因果关系。这类心理疾病很难从科学角度进行分析。

韦杰（Wager）博士在《自然》杂志上发表了一篇关于"安慰剂（假药）效应"的论文，文中指出了一个与心理相关的有趣观点 [1]。韦杰博士给受试者的手腕施以热刺激，利用功能性磁共振成像（fMRI）技术观察其大脑在感到疼痛时的活动情况。结果发现，此时位于丘脑和大脑皮质的一部分，即"痛觉传导通路"会被激活。

之后，韦杰博士给受试者涂上止痛药，再次重复相同的实验。在这次实验中，韦杰博士故意使了一点小伎俩，给受试者的止痛药，其实是"假药"（安慰剂），不含任何有效成分，这一点对受试者是保密的。

那么，实验结果如何呢？令人惊讶的是，涂上安慰剂后受试者的痛觉传导通路并没有被激活。也就是说，受试者没有感觉到疼痛。更有意思的是，在受到疼痛刺激之前，大脑的"前额叶皮质"会产生反应。前额叶皮质是与思想和意图息息相关的脑功能区。受试者涂了安慰剂后没有感觉到疼痛，也许是因为受试者相信"既然涂了药，应该就不疼了"，而这种意识预防了疼痛的发生。

心理作用甚至能控制感觉。虽说性格较真的人一般更容易患上抑郁症，但是也有数据显示抑郁症的安慰剂在这类人身上更有效。这样看来，心理作用的确非常重要。

当在学习和工作中感到疲惫时，千万不要强迫自己继续努力，最好停下来休息片刻。放松心情，沉浸在自己的兴趣中，找回最初的自己。此时最重要的一点是，没有必要因为停下来休息而感觉到压力或者焦虑，关键是保持轻松的心情。只要记住以上内容，春天就能变成一个阳光灿烂的季节。

 进一步解说

"抑郁症"与心理脆弱无关

日本的抑郁症患者占日本总人口的3%。有人认为实际人数更多，还有一种观点认为，所有人在一生中都有可能患上抑郁症，甚至还称之为"心理感冒"。暂且不论这种说法在多大程度上反映了真实情况，不过抑郁症的确是一种常见疾病，这一点毋庸置疑。我想再补充一点，患上抑郁症也不是什么特别不正常的事。

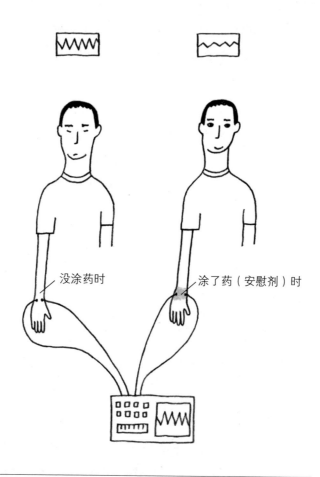

没涂药时

涂了药（安慰剂）时

图 21-1 "既然涂了药，应该就不疼了。"
　　　　——心理作用能控制感觉。

尽管如此，世人至今对抑郁症的误解还很深。尤其在日本，不仅是抑郁症，人们对所有精神疾病都抱有极端的偏见。

说起来，"抑郁症"这个词就不太好。一旦带上"症"字，自然会被视为一种疾病。因此在许多情况下，使用"抑郁表现""抑郁倾向"等用语也许更加合适。

"那家伙太脆弱了，真没用"，如果用这样的目光来看待抑郁症患者，那么这相当于一位家长看到别人家孩子会做分数除法，而自己家孩子不会时，斥责孩子说"你太不用功了"。日本人有个坏习惯，总是将与他人的不同视为缺点。日本的一些社会文化，比如追崇"中庸"之道，奉行"枪打出头鸟"等社会潜规则，有时会在集体秩序方面发挥出积极的作用，不过至少在抑郁症方面并非好事。

社会对抑郁症的印象不好，其原因之一在于"安慰剂"对抑郁症有效。安慰剂（placebo）即"假药"，其词源是拉丁语中的 placere（被赐予快乐）。据说，医生递给抑郁症患者安慰剂时如果说"这药效果很好"，那么最终会有七成患者被治愈。

改变大脑"化学"状态的"安慰剂"

安慰剂除了对抑郁症等心理疾病有效，对疼痛也具有一定的效果。韦杰博士的论文也提到过这一点。

疼痛是许多动物拥有的原始感觉。疼痛在传导途中不会受到太大影响，会直接传至大脑。安慰剂会抑制大脑皮质的痛觉神经的活动，这种现象让我感到震惊。

　　事实上，这与第3章"大脑也会先入为主"中的内容密切相关。在那一章中我提到过初级味觉皮质，不过疼痛最初是在"初级躯体感觉皮质"进行处理的。在最初阶段，信息还未输入大脑，所以不会有疼痛的感觉。

　　有一种药物具有相似的作用，即"吗啡"。吗啡是一种止痛药，能够在疼痛传输的过程中封锁痛觉传导通路。吗啡能在疼痛传输到大脑之前就封锁痛觉传导通路，所以镇痛效果非常好。

　　吗啡含有麻醉剂的成分，这可能会让人感到害怕。事实上，只要是在医学的合理计量内使用吗啡，在医学领域是没什么问题的。其实，吗啡（morphine）的词源来自希腊神话中的梦神摩尔甫斯（Morpheus），因为吗啡带来的无痛状态让人仿佛在睡梦中一样。我们做实验时也在老鼠身上使用了吗啡，实际使用后发现，大剂量使用吗啡会导致老鼠出现上瘾症状，而小剂量使用吗啡则能达到止痛的目的，不会让老鼠出现上瘾症状。

　　吗啡等所谓的阿片类（脑激素的一种）止痛药和安慰剂止痛药的药效一样，即在痛觉传导至大脑前产生止痛效果[2]。安慰剂之所以对抑郁症有效，与其说纯粹是心理作用，倒不如说是因为安慰剂改变了大脑的"化学"状态。我认为，引起抑郁症的原因不是缺乏努力或毅力，而是源于器质性变化。

抑郁症与海马体之间存在不为人知的关系

目前有许多抗抑郁症的药物，其中常用的典型药物有丙米嗪和地昔帕明等"三环类抗抑郁药"。这类药物坚持服用一至两个月，的确会有疗效。不过，人们之前并不清楚这类药物对大脑的哪个部位起作用以及如何起作用。在老鼠脑中注射三环类抗抑郁药后发现，这类药物对大脑的多个部位都会产生作用。因此，虽然不清楚其作用原理，但同时改善大脑的多项脑功能，确实能有效治疗抑郁症。

当然，这毕竟是用于治疗的药物，就算不了解其发挥作用的机制，只要安全、有效就行。不管是中药，还是日本的古代药物，在那些不了解分子机制的时代，药物能被用来治病，都纯粹是因为它们有效。使用药物只需注意两点，一是有效，二是安全。三环类抗抑郁药等典型抗抑郁药也是同样的道理。

随着科学的进步，我们对其作用机制也有所了解，三环类抗抑郁药的作用对象是"五羟色胺"和"去甲肾上腺素"等神经递质。

另外，治疗精神分裂症的常用药物有氟哌啶醇和氯丙嗪等"抗精神病药物"。这类药物与三环类抗抑郁药一样，其作用机制在以前也并不明确。研究表明，这类抗精神病药物主要的作用对象是"多巴胺"。除此之外，它们对"去甲肾上腺素"和"五羟色胺"也有一定的作用。

大部分脑部疾病是由神经递质失衡引起的。三环类抗抑郁药和抗精神病药物作用的目标部位不仅限于一处，而是多处，因此可以改善整体平衡，从而发挥效用。反过来看，仅对某一处大脑部位有效的药物，应该无法达到恢复脑内物质平衡的目的。

在这种情况下，出现了仅对五羟色胺信号系统起作用的SSRI（五羟色胺再摄取抑制剂）。从某种意义上来看，SSRI的出现极具冲击性，因为它不是用于改善整个大脑平衡，而是仅对五羟色胺信号系统产生作用。尽管如此，该药剂竟然也可以治疗抑郁症。

如其学名所示，SSRI是一种预防"五羟色胺"这一重要脑内物质被神经再次吸收从而失去活性的药物。也就是说，SSRI的研发初衷是让五羟色胺能够长期对神经元发挥强大作用。

SSRI仅对五羟色胺起作用，却可以治疗抑郁症。从这一事实出发，我们是不是可以推测五羟色胺含量的增减与抑郁症存在一定的联系呢？

当然，虽然不能说引起抑郁症的原因都跟五羟色胺不足有关，但至少有一部分患者肯定是由五羟色胺异常引起的。

既然如此，那么我们也许可以在某种程度上预防抑郁症，因为只需明确五羟色胺为何会产生变化即可。是因为顶着被上司批评的巨大压力，所以五羟色胺产生了变化呢？还是也不存在什么特殊原因，只不过是神经元的"波动"（请参照第 11 章"大脑也会说谎"），导致五羟色胺在两三个月的时间内偶然产生了变化？如果能发现五羟色胺何时开始出现异常，就可以尽早对症下药，从而减少抑郁症患者的数量。

为什么五羟色胺产生变化会引起抑郁倾向的出现呢？其原因尚不明确。哥伦比亚大学的勒内·昂（Rene Hen）博士在《自然》杂志上发表了一篇与之相关的论文，内容也非常有意思。昂博士指出，这其中的原因可能与海马体有关[3]。给海马体注射抗抑郁症药后，海马体的神经元数量增多了。这是一个令人震惊的发现。

海马体中存在乙酰胆碱、去甲肾上腺素以及多巴胺等神经递质，当然也存在五羟色胺。不过与拥有强大作用的乙酰胆碱相比，五羟色胺不过是小配角。因此从脑科学研究的常识来看，人们很难联想到海马体与抑郁症之间会存在某种联系。抗抑郁症药会对海马体以外的部位分泌的五羟色胺产生作用，但经过一番周折，这似乎最终也影响了海马体的功能，进而起到治疗抑郁症的作用。

大脑的"有备无患"系统

一般认为，大脑的神经元在人出生时数量最多，随着人年龄的增长，其数量则逐渐减少。严格来说，这种观点并不正确。大脑神经元的数量的确在人出生时最多，到人3岁左右，大脑神经元约有70%会消失。自此以后，大脑神经元的数量在人的一生中几乎不会出现变化。有一种说法是"神经元每秒减少一个"，这是因为如果将出生时和去世时的大脑神经元数量用直线相连，那么确实会呈现出大脑神经元缓慢递减的变化趋势，但事实上，大脑神经元的变化并非如此。

不仅仅是大脑神经元，生命体总是会为"生存"提前做好充分准备，并从中挑选对维系生命或繁衍后代最有利的部分，剩余的大部分则被当作废物丢弃。不管是精子或卵子，还是免疫细胞，都是一样的道理。大脑也不例外，那些没有参与神经网络构建或性能不佳的神经元，都会被清除掉。

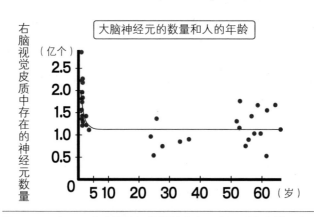

图 21-2　喜讯！大脑神经元的数量在人3岁以后将保持不变。
（引自《神经科学杂志》1991年第103期第136页至第143页）

大脑神经元似乎会增殖

尽管如此，人在 3 岁之后，剩余的大脑神经元数量会一直保持不变，这听起来也难以置信。比如，人的皮肤细胞、肠道细胞、头发等就一直在不断更新，即便动手术切除肝脏的 80%，几个月后肝也会重新长到原来的大小。

不过，虽然人体组织的种类不算多，但有的组织系统确实在人的一生中都不会更新细胞。其中，肌肉细胞和神经元最具有代表性。

为什么大脑不更新细胞呢？反过来思考这个问题，答案也许就呼之欲出了。也就是说，细胞更新会引起不便。假设神经元每 3 天更新一次，那么会出现什么后果呢？

储存记忆是大脑的功能之一，如果大脑神经元进行更新，好不容易储存的记忆就会消失不见。将其比喻成经营公司的话，那公司前景可能不太妙。比起不断辞退资深老员工，录用不熟练的年轻员工，那还是让老员工发挥熟练的技术对公司（大脑）更有利。

这历来是神经科学界的常识。不过距今（2010 年）大约 40 年前，学界内有人发表了一些主题为"神经元会增殖"的论文[4-6]。论文内容在当时令人震惊，但人们都抱着半信半疑的态度，因为在当时，神经元的特性是不增殖、不分裂。如果能分裂增殖的话，岂不是从根本上违背了神经元的定义。

因此，这些论文的结论让人瞠目结舌。

当时有论文指出，神经元的增殖发生在海马体内部一个叫作"齿状回"的部位，不过在那之后，其后续研究毫无进展。倒是有数据显示，金丝雀等鸟类需要通过更新神经细胞来记住它们的"求爱之歌"，并重新对其进行编曲[7]。进入特定季节以后，激素平衡的变化使这些鸟类的神经元增殖，鸟鸣声的形式会因此变得丰富，这些鸟也变得善于歌唱。鸟类的神经元增殖具有一定的意义，但是，哺乳类的神经元增殖又具有什么样的意义呢？

2000 年前后，关于神经元增殖的研究突然备受关注。研究人员通过研究老鼠发现，每一只老鼠的齿状回大小各不相同。进一步研究发现，老鼠的饲养环境会影响齿状回的大小。比如，将一只老鼠养在狭小的笼子里，只给它食物和水，让它在孤独的环境下长大，让另一只老鼠在配有转轮或隧道等刺激较多的环境下长大。对比两种不同环境下长大的老鼠会发现，它们的神经元状态差别甚微，这一点人们早已知道[8]，不过，它们海马体的齿状回的大小竟相差 20%，这让人非常惊讶。对在刺激较多的环境下长大的老鼠开展研究，发现其脑中海马体的神经元增殖速度要快 2 倍左右。该结论发表在 1997 年的《自然》杂志上[9]，也是一篇令人震惊的论文（请同时参照第 1 章"大脑也会记忆"的内容）。

如果让老鼠服用抗抑郁症药，那么即使老鼠没有生活在刺激较多的环境里，它的海马体的增殖速度也大幅提高。反之，如果让老鼠的大脑受到辐射，阻碍海马体神经元的增殖，那么即便给老鼠服用抗抑郁症药，药物也发挥不了作用。

即便五羟色胺与抑郁症之间的确存在关系，也很难让人联想到这两者之间到底具体存在什么联系。在研究人员注意到海马体的相关现象之后，这方面的研究才取得了很多进展。但是，针对海马体与抑郁症之间究竟存在什么关联，至今也没有明确的解释。而且，相关实验也还停留在老鼠实验的层面，所以要解开这个谜题，还需要等待今后的进一步研究。

在某种意义上，抑郁症是聪明的表现？

接下来，我会介绍如何研究老鼠的抑郁状态或不安情绪，以及抗抑郁症药是否对老鼠有效等问题。

试想一下将老鼠放入新的饲养笼里，并在笼中投放食物。如果我们人类突然被带到一个完全陌生的新环境，肯定会坐立不安。虽然肚子饿了，也做不到若无其事地享用眼前的食物。老鼠也是一样，会处于"食不下咽"的状态。然而，服用抗抑郁症药的老鼠却不一样，即便到了一个新环境，也能若无其事地开始吃东西。从坐立不安的状态过渡到真正开始享用食物的这段时间，可以看作老鼠感到心神不安的时间。如果服用抗抑郁症药后，感到心神不安的时间缩短了，那么就是抗抑郁症药消除了不安情绪。我们可以采用这个方法进行相关测算。

还有另一种方法。老鼠虽然是陆生动物，但跟狗一样，它们很擅长游泳。不过，虽然老鼠擅长游泳，但它们似乎不太喜水，总是拼命游泳寻找能上岸的地方。在这种情况下，如果没有事先准备退路，老鼠往往会放弃游泳。然而，服用抗抑郁症药以后，老鼠却没有放弃，而是继续拼命游泳。这种方法与前文中提到的食物一样，通过计算游泳的总时间，即不放弃努力的时间，可以测算出药效持续的时间。服用抗抑郁症药以后，老鼠游泳的时间会变长。

换个角度来看，抗抑郁症药可以说具有"让人变乐观的作用"。之所以这么说，是因为实验中的老鼠在精神感到紧张时也能进食，还有明明游泳没有用，却注意不到这个问题，仍然坚持继续游泳。从某种意义上来说，"注意不到现状"这种情况，说明了抗抑郁药也许有麻痹感觉的作用。

事实上，我们也会心生疑问，这不就相当于面对"继续从事这份工作到底有什么意义"的问题时，不从正面进行深刻思考，而是只默默处理眼前的工作来逃避吗？难道治疗抑郁症就是为了得到这样的一种"健康"吗？这当然是一种诡辩，不过从动物实验的数据中，确实能得出这种略显奇怪的结论。

第22章　大脑也会有干扰
——记忆的干扰与强化

在百忙之际，各项工作仍接踵而至——此时，你会牺牲什么来挤出时间呢？某项调查曾提出这个问题，结果绝大多数人的回答是"减少睡眠时间"，其次是"不吃饭"。调查结果生动描绘出了日本上班族的形象——即便废寝忘食也要优先完成工作。

然而现实问题是，缩短睡眠真的有助于提高工作效率吗？芬恩（Fenn）博士和沃克（Walker）博士在《自然》杂志上分别发表的两篇论文，都对随意缩短睡眠这一问题发出警告[1, 2]。他们的论文的结论是"睡眠也属于学习的一部分，有助于提高我们的工作效率"。下面就这一观点展开具体说明。

芬恩博士在论文中开展了一项听力测试实验，内容是根据不准确的发音推测单词。虽然每个受试者刚开始都费了不少工夫，但经过1个小时左右的训练，正答率显著提高。一旦中断训练，受试者的成绩自然瞬间下降。比如，只在早上训练 1 个小时，那么当天晚上的正答率会降低至原本的三分之一。这并不奇怪，毕竟随着时间推移，记忆也会变得模糊，相信这一点每个人都有所体会。

不过，芬恩博士的实验得出了一个惊人的结论——如果在第二天早上重新进行测试，正答率又会恢复到原本的三分之二左右。而且，只有睡眠充足的受试者才能产生这样的效果。换言之，睡眠有助于唤起刚被遗忘的信息，达到强化记忆的效果。

在这种情况下，又会出现一个新问题：是所有记忆都可以得到强化，还是只有某些特定的记忆可以被强化呢？针对这个问题，沃克博士的研究给出了回答。

沃克博士利用一个类似钢琴键盘的设备开展实验，测试内容是让受试者记住敲琴键的顺序。实验结果表明，在多种演示模式中，如果不断演示相似的演奏模式，那么受试者的学习效率会变得很差。比如，在受试者记住某种演奏模式后，又让其去记另一种与之相似的演奏模式，结果会导致之前的记忆变模糊。

这种现象被称作"记忆干扰"，我们在日常生活中也经常碰到，比如对相似容貌或名字进行区分并记忆，这其实特别困难。

沃克博士发现，记忆相互干扰时，人脑在睡眠中只会强化最后记住的信息，也就是说，只会选择最新的信息进行加强，而不是强化所有信息。沃克博士在论文中还指出一个更重要的事实，即在记忆相似内容时，只要留出间隔，记忆内容就不会发生干扰。即便是学习相似信息，只要时间间隔超过6个小时，所有信息在睡眠中都会得到强化。

只要充分保证学习间隔，就算是容易混淆的信息，我们也能准确记住。当大脑被输入相似信息时，为了避免出现混乱，在学习时需要留出足够的间隔——在制订学习计划时，请务必运用这一研究结论。而且，一定要保证睡眠充足。如果缩短关键的睡眠时间，反而会得不偿失。常言道，"有福之人不用忙"。既然已经尽人事，剩下就等着听天命吧。

 进一步解说

不用努力就能提高记忆力

在第14章"大脑也会做梦"中，我曾提过与梦相关的话题，下面再介绍一个与之有关的有趣话题。梦中出现的信息多为临睡前的内容，从入睡时间往前倒推，距离入睡时间越远的内容，就越难在睡眠中重现。

有研究者认为，睡眠是为了记忆而存在的[3]。虽然也有一部分人表示不赞同，但在我看来，只要存在一丝可能性，就要在睡前多看看书和论文，或者收听英语会话的课程。我建

213

议在睡前的这段时间，尽量不看综艺节目，而是让大脑获取对工作或学习有用的信息。

如果大脑可以在睡眠期间自动强化信息，那么我们完全没有理由不去好好利用这种机制。毕竟"自己"在睡眠期间只需负责睡觉，不用特意"努力"。这可是天大的好事！

"有效利用睡眠"这一观点很早之前就存在。思路不通时，有时候睡一觉起来突然就开窍了，也许这也源于睡眠的作用。这种睡眠作用被称作"记忆恢复现象"。

有一项关于记忆恢复现象的实验，其内容非常有趣[4]。这是吕贝克大学的瓦格纳（Wagner）博士开展的实验，实验内容是向受试者展示一列有规律的数字，接着让他们在下个空格中填入正确的数字。我也尝试过做这些题，确实有点儿难。

在前一晚，实验人员向受试者展示题目，接着将他们分成两组，一组是睡眠充足的人，另一组是整晚熬夜的人，并要求他们在第二天上午作答。另外，再让一组人在早上看题，然后一整天都不能睡觉，要求他们在傍晚作答。结果，睡眠充足组发现数字规律的正答率比其他人高了将近3倍。瓦格纳博士在结论中指出，大脑通过睡眠对记忆进行重构，进而提取知识并获取灵感。

图 22-1　既然"睡眠是为了记忆而存在的"，
　　　　　那么在临睡前这段"时间"，做不同的事情会产生的不
　　　　　同结果？！

数学重在归纳，英语重在积累

之所以会出现"记忆干扰"，是因为大脑在梦中重现记忆时，会对各种信息进行连接或分离。这时，相似信息有时会被合并，所以不知不觉中导致"信息调换"。事实上，每个人都有过记忆被调换的经历。为了避免这种情况，特别在学习新知识时，我们一定要预留足够的时间"间隔"。前文中介绍过沃克博士的论文，文中内容表明，即便学习内容相似，也"最好间隔6个小时以上"，这对制订学习计划十分有用。

另外，还要根据记忆内容的类型适当调整学习计划，这一点也非常重要。比如需要完整背诵的内容不要一次性记太多，反之，逻辑性强的内容要一次性学完。也就是说，学习数学等科目时需要花时间进行归纳，学习英语等科目时需要每天积累。虽然这些学习方法属于经验之谈，不过也具有参考意义。

第 23 章　大脑也会不满足
——大脑与"肥胖"密切相关

　　美国哥伦比亚广播公司（CBS）的新闻评论员安迪·鲁尼（Andy Rooney）有句名言——"畅销书排行榜的第一名是美食书，第二名是减肥书"。人们既想享用美食，又不想发胖。安迪·鲁尼将这种在矛盾夹缝中挣扎的人性，概括成了一句有趣的玩笑话。

　　事实上，引起"肥胖"的原因几乎无一例外，基本是饮食过量。许多人都很在意体内脂肪囤积，尤其是年轻一代，他们更在意外表。肥胖会影响外表，甚至会对生命造成威胁。中度肥胖会导致平均寿命缩短 2 至 5 年左右，重度的话会缩短 5 至 10 年。众所周知，肥胖会引起糖尿病、脂肪肝、脑卒中和心脏疾病等许多成人病，同样也会引起呼吸暂停综合征等睡眠障碍。在考虑生活品质时，肥胖是一个不可忽视的问题。

　　身为一名脑科学研究者，我为什么要介绍肥胖问题呢？

肥胖貌似与大脑没有任何关系，然而事实却并非如此。20 多年前，一项重大发现表明大脑与肥胖密切相关。这项发现分析了肥胖老鼠的基因。

这只老鼠天生是肥胖体质，甚至还患有糖尿病。1994 年，人们找到了引起它肥胖的原因，即缺乏一种被称作"瘦素"的蛋白质 [1]。瘦素由脂肪细胞构成，随血液流入脑部后，通过刺激"下丘脑"达到抑制食欲的目的 [2]。也就是说，瘦素是向大脑传达体内脂肪充足的信号。当体内脂肪过剩时，瘦素会给大脑下指令——"不能再吃了"。然而，肥胖老鼠体内缺乏瘦素，因此无法抑制食欲，导致饮食过量。

人的"本能"包含几种基本欲望，即"食欲""睡眠欲"等。这些欲望的共同特点是"知足"，一旦得到满足便失去兴趣，比如吃饱之后再看见美食甚至会产生厌恶感。可是，金钱欲、权力欲和占有欲等世俗欲望却永不知足，即便得到满足，还会要求更多。欲望无止境，无止境的欲望会显得很丑陋。肥胖老鼠诠释了克制不了欲望有多危险。

1995 年，自从"瘦素"被指出有可能运用于治疗后，它受到了进一步关注 [3、4]。肥胖老鼠服用瘦素后，摄食量降低，体重也减轻了 30% 左右。而且，对于缺乏瘦素引起的遗传性肥胖患者，瘦素治疗法也非常有效。

瘦素治疗法的研发看似顺风顺水，实则并不简单。

在物质充裕的现代社会，肥胖人口持续增加。但是，其中大多数人是由"生活方式疾病"引起的肥胖，与瘦素基因并无关系。对于这种一般的肥胖，瘦素完全发挥不了作用。

岂止发挥不了作用，研究者对肥胖人士体内的瘦素浓度进行检测，还发现他们体内的浓度甚至高于正常人[5、6]。这意味着他们的瘦素非常充足。也就是说，尽管体内的脂肪细胞大量合成瘦素，并且释放脂肪过剩的警报，但大脑却没有任何反应。

瘦素治疗法在刚发现时被寄予厚望，结果却被肥胖人士的"瘦素抵抗"击碎了希望。难道肥胖很难通过药物来治疗吗？

正当研究者准备放弃时，一个意外发现又带来新的转机。这个意外发现就是"大麻素"。

有一种名字拗口的化学物质叫作"四氢大麻酚"，它会对"下丘脑"产生作用，从而促进食欲，造成饮食过量的结果。大脑中原本就存在与该化学物质相似的物质，这种脑激素被称作"大麻素"。

大麻素会刺激食欲，进而导致饮食过量。不过它的作用不仅限于此，还会对身体细胞发挥作用，促进脂肪囤积。于是，相关研究者便冒出一个想法："要不然试着抑制大麻素的作用？"制药公司很快就合成一种叫作"利莫那班"的大麻素抑制剂，并在动物体内进行试验，结果发现确实具有减肥效果[7]。

紧接着，这项研究马上开展人体试验。2004 年，超过3400 人的临床数据在美国发布。据报告显示，在一年中坚持服用利莫那班，竟然平均能减重 8.8 公斤。而且，受试者血液中的胆固醇也减少了 17.4%。利莫那班的效果值得惊叹，其中成功减重超过 5% 的人占了整体的 62%，减重超过 10% 的人竟然也占了整体的 32%[8]。

在这些研究成果发表之时，美国国立卫生研究院发布了"肥胖研究战略计划"。美国政府也决定投入高达数十亿日元的研究经费，以推进跨学科肥胖研究。获得强大的支持后，可以说肥胖研究将会取得飞跃性进步。

肥胖是一种生活方式疾病，不过我们可以想象得到，研究成果带来的影响将会超越治疗层面。也许在不久的将来，美食家不用再为肥胖担惊受怕，对美有着极致追求的人可以利用减肥药，轻而易举地拥有自己理想的体型。

 进一步解说

"心脏疾病"和"脑部疾病"的病因相同

日本厚生劳动省（日本负责医疗卫生和社会保障的主要部门）最新发布的日本人死因调查显示：日本人排名第一的死因是"癌症"，占所有死因的近三成；心肌梗死等"心脏疾病"排名第二，占整体的 15% 多；脑梗死、脑出血等"脑部疾病"

排名第三，占整体的 15% 左右；这三种死因在所有死因中的占比超过六成。

事实上，排名第三的脑部疾病与排名第二的心脏疾病在本质上并无二致，都属于血管疾病。唯一的区别在于，血管堵塞或出血的部位在脑部还是心脏。因此，从病因上分析的话，心脏疾病和脑部疾病可以看作一种死因。而且，这两种疾病的数据相加后，它们在死因中的占比甚至超过了癌症，位居第一。

如果跪坐时间长达 1 小时，就会导致腿部麻痹。这是因为跪坐时膝盖内侧的血管受到压迫，所以血流不畅。腿部麻痹只需几分钟就能恢复，不是什么大问题。即便遇到更糟糕的情况，比如血流完全停止，导致细胞坏死，最后不得不截肢，也不会对生命造成威胁。然而，如果脑血管或心血管堵住几十分钟，人必死无疑。

"血管疾病"是一种笼统的说法，这大概是因为人到了一定年纪，身体各个部位的血管都会出现堵塞现象。血管堵塞可能会导致血流停止，进而可能会导致一些"倒霉"的器官出现梗死，最终引起死亡。这些"倒霉"的器官指的是脑和心脏，所以这方面的死因位于死因排名的前三位。

贪恋美食相当于"慢性自杀"

血流为什么会停止呢？在大多数情况下，是因为胆固醇和甘油三酯等脂肪很容易堵塞血管。由此，人与脂肪进入了无休止的战斗。

脂肪是"美味"的成分之一。人觉得美味的物质主要包括氨基酸、嘌呤和脂肪。金枪鱼的肥肉部位、海胆和霜降牛肉之所以好吃，都是因为其含有脂肪。但是，食用高脂肪食物很容易造成血管堵塞，甚至可以极端地说"要想活得久，美味别入口"（当然还有许多既美味又健康的食物，比如纳豆和烤沙丁鱼）。

控制饮食是延长寿命的最佳办法。

比如，仅仅减少食量的30%，就能让平均寿命延长。这不只适用于人类，可以说适用于所有生物。减少食量还有助于降低全国食品消费量，从家庭生活开支的角度来看，伙食费减少30%可以节省相当一部分支出，而且也有助于健康长寿，可谓一箭双雕。不过如果尝试过便会发现，事实上食量减少30%堪称经历一场相当痛苦的修行。

肥胖不会直接引起死亡，不过，肥胖却是引起高血压和糖尿病等生活方式疾病的原因，而这些疾病会构成死因。也就是说，肥胖是加速死亡的远因。因此，过度的美食生活相当于"慢性自杀"。

图 23-1　仅仅减少食量的 30%，就能让平均寿命延长。

现在有许多患有生活方式疾病的患者，而且还在持续增多。因此在这种意义上，也许今后将会不断地开发出消除或预防肥胖的药物。

"增强记忆力的药物"也会获得批准？！

在以前，药物是用来治疗疾病的。如今，情况稍有变化。

比如1999年上市的西地那非，在当时引起了热议。该药物针对的不是像癌症或心肌梗死那样的对身体有危害的"疾病"。而且在同一时期，含有米诺地尔成分的生发剂RiUP也获得批准。同样，脱发症对身体也没有任何危害。

在此之前，日本厚生劳动省批准药物的标准是"对疾病是否有效"。这很容易理解，因为药物的作用在于治疗。然而，在批准生发剂等药物的瞬间，历史悠久的既往药学史迎来了巨大改变。这些药物不是用来治疗疾病的，而是帮助人们改善日常生活中不满意的部分。这种以提高生活品质为目的的药物，被称作"生活方式药"。西地那非和RiUP获得批准意味着一个历史性事件——"生活方式药"的诞生。

"生活方式药"这一新领域的诞生，以及其正式获得日本厚生劳动省的批准，意味着如果将来研发出增强记忆力的药物，也很有可能会获得批准。如果能研发出增强体力的药物，也许也会获得批准。从概念上来看，"生活方式药"相当于"允许使用兴奋剂"，这在历史悠久的药学史上堪称一件大事。

当然，如果研发出减肥药，获得批准的可能性也非常大。因此，除了备受肥胖困扰的患者以外，一定也会受到其他人士的喜爱，比如想要享用甜品而不想发胖的人士，或者不想去健身房锻炼就能轻松瘦身的人士等。减肥药既属于传统的治疗药物，又属于作为新概念的"生活方式药"，我对此非常感兴趣。

前

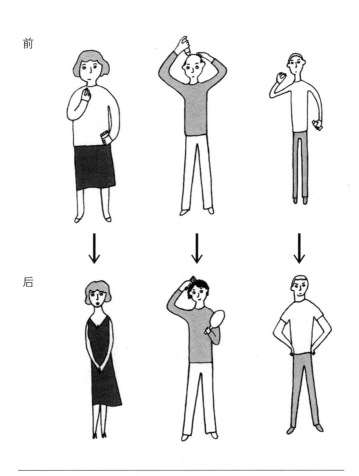

后

图 23-2　改善不满意的部分——"生活方式药"的诞生。

第 24 章　大脑也会模糊
——血压和自主神经可以被控制？！

　　当康纳尔大学的利普森（Lipson）博士将一个看似平平无奇的骰子状白色物体公布在《自然》杂志上时，全世界都为之震惊[1]。

　　这个物体是一台电动机器人，但它不是普通的机器人，而是一台能进行自我复制的机器人。那么，为什么全世界都为之震惊呢？因为这关系到生命的尊严。

　　生物与非生物的界限在哪儿呢？许多人回答说"在于是否能繁衍后代"。的确，不管是貉、水蚤，还是香菇，只要被称为生物，都能进行"自我复制"。不过，钻石和豪车却（很遗憾地）不能进行自我增殖。

　　然而，利普森博士竟然制造了一台能进行自我增殖的机器人。这台机器人由边长为 10 厘米的立方体如积木般组合而成，其各个组件都安装了数据收发传感器和电磁铁，可以自如地与其他组件反复组合或分离。

录像中显示，机器人摇晃着移动身体，独立拾起周围的组件，组装出拥有与自己相同系统的其他机器人，而且花费的时间不过几分钟，组装的动作也非常娴熟。新制造的子辈机器人还拥有制造孙辈机器人的能力。从原理上来看，这一机制可以实现无限增殖。

那么，这种机器人属于"生物"吗？利普森博士在论文的结尾中指出，"换言之，机器也有可能进行自我复制，这种特质并非是生物独有的"。这个问题相当棘手。

我们也可以通过简单的研究，来窥探自我复制与生物之间存在的微妙联系。比如骡子，骡子是马和驴杂交的产物，但因为没有生殖能力，所以生不出后代。每一只骡子的诞生都需要马和驴进行交配，即骡子不具备"自我增殖能力"。尽管如此，我们可以认为骡子不属于生物吗？再举个接近日常生活的例子，有一种说法是，日本现在有 20% 的新婚夫妻患有不孕不育症。如果说"不孕不育的夫妻不属于生物"，那么应该不止我一人感觉这话不太对劲吧。

脑科学中也存在类似的问题。由于我一直从事脑科学研究，所以会经常思考生物与非生物在大脑层面上的界限，即生命智能和人工智能到底存在什么样的区别。

比如，随着科学的不断进步，将来或许能解开人类之"心"（意识）的谜，甚至还能利用计算机模拟人的意识。为了开展与之相关的思考实验，在此先假设已经制造出具有意识的机器人。接着，你将这个精密的机器人介绍给了朋友，你的朋友也没有发现它是机器人，还跟它成为朋友。你的朋友在不明真相的情况下，度过了圆满的一生。那么，我们可以认为这个机器人具有真正的意识吗？大约在70年前，英国数学家图灵提出了所谓的"图灵测试"。这个问题与"图灵测试"的本质相通。

"生物与非生物"看似很简单，但一旦开始深入讨论，马上就会走进死胡同。尤其是机器人学，这门科学在生物与非生物的界限徘徊，会涉及很多深奥的课题。机器人学不仅停留在探索生命真理的层面，还涉及心理学、宗教和歧视问题。为什么会涉及歧视问题呢？其实答案非常明显。在这个例子中，打心底里瞧不上机器人的人正是"你"自己，"这个机器人，终究只不过是一台人形机器而已"。

 进一步解说
"计算机与人脑"的界限

"机器人与人"或者"计算机与人脑"的界限是什么呢？随着对问题的不断深究，人们越发感觉一头雾水。

石头不属于生物，人属于生物。两者的区别是由什么造成的呢？

常见的定义如前文所示，生物能繁衍后代，非生物则不能。不过这个定义并不准确，在前文中也已经做出解释。那么，到底什么才是生物？生物是由蛋白质等有机物构成的，这种观点又如何呢？既然如此，那么死人也属于生物。如果说生物会对外界反应和环境做出反应，那么自动门也属于生物，这显然是大错特错。人体内生存着大量的细菌，比如大肠杆菌等。人死以后，细菌还可以继续存活一段时间。除了细菌以外，在人刚死不久时，体内的每一个细胞都可以继续存活。那么，这些细胞属于生物吗？

从老鼠的脑中取出的神经元，虽然老鼠已经死了，但只要提供养分，它们在培养皿中至少可以存活一年以上。但是，培养皿中的神经元算得上是生物吗？

病毒因缺少一些"零部件"，不能独自进行自我增殖，所以不属于生物的范畴。不过，也有许多物质可以独自进行增殖。寄生虫不能独自繁衍后代，需要宿主才能进行增殖。然而，寄生虫属于生物。

到底什么才是生物？面对这一问题，我认为可以具体问题具体分析。

"模糊性"的产物

人脑也是相同的道理。前文中提到了数学家图灵，他曾经对计算机是否属于"人工智能"下过一个定义。

比如，当人与隔着墙壁的计算机进行对话时，如果分辨不出对话的对象是人类还是计算机，就可以认为这台计算机拥有智能。人们事先在计算机中输入庞大的对话列表，设定好"当被问到这个问题时就这样回答"。即便计算机在面对提问时只会照本宣科，但只要对方没有发现，就可以认为它拥有智能，这便是图灵的观点。假设某人通过显示器与计算机进行国际象棋比赛，如果这个人没有发现比赛对手是计算机，那么就可以认为这台计算机拥有智能。

我一直从事脑科学研究工作，经常被问到"人工智能"与"人类智能"的区别。但是，比起严格区分人工智能与人类智能，我个人反而对将生物与人工物融合在一起的"混合生物技术"满怀兴趣。

近几年，一种名为"神经假体"（neural prosthesis）的研究十分流行[2]。简单地说，神经假体技术试图通过直接捕捉大脑的信号，来恢复缺失的身体功能或者增强未缺失的身体功能。

神经假体有一个典型案例，即让四肢瘫痪的患者获得用大脑控制机械手臂的能力[3]。事故导致一名 25 岁的男性脊髓损伤进而全身瘫痪，之后，他的脑中被植入了 96 个小型电极。电极的植入部位在大脑皮质的初级运动皮质，该部位负责发送控制四肢活动的指令。被植入的电极可以实时记录该部位神经元中大约 25 个神经元的活动。

实验人员用计算机高速解析患者的初级运动皮质的神经活动，然后向连接在计算机上的机械手臂发送信号。经过数月训练，患者可以通过自己脑中发出的信号来操控机械手臂的动作。录像表明，虽说动作还不流畅，但身体瘫痪的患者可以通过自己的意识操控机械手臂的行动，这显然是巨大的进步。而且，通过将计算机的鼠标与患者脑部连接在一起，患者还可以完成许多基本动作，比如打开电视机的电源、玩简单的游戏和发送电子邮件等。

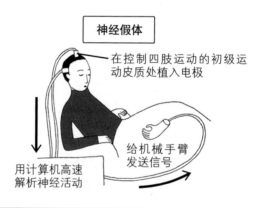

图 24-1　四肢瘫痪的患者可以通过大脑发出的信号，操控与之相接的机械手臂。

这种将大脑和计算机连接在一起的设备叫作"脑机接口"。就现有材质来看，电极的寿命很短，大概使用 10 个月后超过半数的电极会出现损坏，因此设备在续航方面还存在问题。尽管如此，神经假体在临床上确实能够发挥作用，而且可以说是探索未来治疗新模式的关键领域之一。

不仅是从医疗视角来看，还是从计算神经科学这一纯科学领域出发，神经假体都颇有意思。

比如，这项技术可以捕捉和解析大脑的信息，然后再将信号传送给轮椅等机器设备。不过，人们通过实验记录发现，大脑信息中包含的无用信息多得超乎想象。很多信息都很模糊，而且晦涩难懂。大脑表达信息的方式似乎与计算机的表达方式大相径庭。

比如，人看到眼前的杯子时，大脑中有一个神经元会产生反应，但这个神经元不会总是产生反应，而是有时会有反应，有时又没有反应。而且，除了这个神经元以外，大脑中还有其他神经元也会对杯子产生反应。同样，这些神经元也会有时有反应，有时又没有反应。神经元甚至还会出现自主性活动，比如即便没看到杯子，与杯子相关的神经元也会莫名其妙地突然开始活动，这便是所谓的神经元的"波动"。大脑中的每个神经元都很模糊，但又不知为何，每当看到杯子时我们都能理解"这是一个杯子"。这是一种不可思议的模糊性。

当人产生"想张开手指"这类带有模糊性的意识时，虽然不同的情况下人脑会产生不同反应但估且先利用电信号把神经元与之相关的各种反应都记录下来。如果总是能从某类反应中读取"想张开手指"的意识，那么在解读大脑信号时，就可以将这类反应视为"大脑现在想要张开手指"，进而让机械手臂张开手指。这就是"从模糊性中读出确定性"，也是做研究的乐趣之一。

当人脑与计算机相融合

需要记录多少神经细胞，才能抵消模糊性并找到确定性呢？假设人脑拥有 1000 亿个神经元，那么一般做不到记录所有神经元的反应。我正在研发的记录方法目前处于全球领先水平，运气好的话可以同时记录超过 1 万个神经元的反应，但是从整体来看，1 万个神经元不过是大脑全部神经元的 0.00 001% 而已。真的可以从这么少的神经元中捕捉到大脑信息吗？研究的神经元这么少，真的足以了解大脑吗？这也是我们面临的问题。反过来说，如果目前的技术仅能记录 1000 个神经元，那么在这种技术的限制下，我们能重现什么程度的复杂动作呢？这类挑战在科学上也颇为有趣。

另外，这一领域还有一个有趣的课题，即机器学习。

四肢瘫痪的患者在一开始即便有活动机械手臂的意识，

但事实上连移动轮椅都相当费劲。不过，患者的大脑会不断学习。"只要脑中浮现指令，便能活动手指"，大脑会产生这种带有"可塑性"的意识。

另外，计算机也在学习。

如果单纯靠患者大脑的活动，其实很多情况下无法完成预期的动作，所以也需要计算机积极预测"大脑此时大概想这样活动手指"，并尝试操控机械手臂的动作。一旦发现"出错"，计算机就需要重新编写算法（处理流程），修正错误。这种学习采用的方法是，在计算机中搭建一个虚拟的神经网络，让其不断地记住信息，即所谓的"机器学习"。这种虚拟神经回路弥补了患者脑中缺失的信息。

换言之，计算机也在学习"出现这种反应代表想要做出这样的动作"。当然，患者也在学习如何让大脑产生相应的活动。因此，在神经假体中，"人脑"与"计算机的虚拟大脑"相互作用，最终以肉眼可见的形式呈现"想活动手指"的意识。人脑的变化与计算机的内部变化相融合，在某种意义上，这种高级功能如科幻小说一般让人兴奋，同时它作为单纯的科学研究也颇为有趣。

前文中讲述的神经假体采用在脑中植入电极，直接记录神经元活动的方法。不过这种方法存在电极续航和手术伤口细菌感染等问题，因此不能断言100%安全。在现阶段，利用脑电波的方法更为安全。脑电波是在人的头皮表面进行检测，因此测量时不会引起大脑损伤，而且只要事先决定"释放这种脑电波时要采取什么动作"，便可以准确表达意志。不过在利用脑电波的情况下，其特性决定了可利用的信息量极少，大概在每秒 10 字节左右，因此很难进行精细操作，指令也很难落实到细节[4]。虽说如此，但目前已经可以完成控制轮椅移动、利用计算机打字等动作[5]。

在电影《蜘蛛侠 2》中出现了以下情节：反派角色从自己的脊髓中抽取神经信息，并给具有超强破坏力的巨型机器人发送指令。这也属于神经假体的一种，这种情况是帮助人类获得了本来并不具备的能力，即类似兴奋剂的用法。这种情节设定让观看电影的观众觉得力量大增的敌人非常"卑鄙"，越发同情主人公。《阿凡达》和《未来战警》等电影中也出现了通过大脑操控机器人的情节。

瑜伽达人可以降低心率？！

增强人类的各种能力，是人类自古以来的追求。汽车就是一个例子。人要是步行几十千米会疲惫不堪，况且移动速度也不可能达到每小时 100 千米。人类使用汽车，也是为了弥补能力上的不足。不仅是汽车，我们使用的所有工具都有助于提高人的能力，具有与兴奋剂相似的特性。可以说，神经假体也属于这一范畴，不过唯一的区别是它是由大脑直接发出操作指令的。

如此看来，人类很早以前就寄希望于神经假体的想法也就很好理解了。这种方法不用通过四肢，而是由大脑直接发出指令，所以更加直接，可谓高效节能。随着研究的进步，也许人类在今后不需要手握操作杆，仅靠脑中的意念就能随心所欲地驾驶汽车或飞机。

在已经进入实用化的脑深部刺激器中，具有代表性的是用于治疗帕金森病的仪器。帕金森病是由中脑中的多巴胺分泌减少造成的疾病，患者在发病初期会出现四肢行动缓慢的症状，因此可以将电极植入其脑深部，以起到刺激神经的作用。同时，还需要将用于刺激的电池植入患者体内，电池会释放电流，电流流经脑中的电极，便可刺激脑部，激活多巴胺分泌。这种治疗虽然作用短暂，但可以大幅改善症状。

从根源上治疗帕金森病的方法尚未发现。刺激脑部的这个方法虽然效果只能持续短暂的几年时间，但确实能改善帕金森病的症状，让之前无法外出的人变得可以自由走动。就这一点而言，脑深部刺激器也具有一定的意义。这可谓是机器与人之间的有意义的融合。

一项试图让人主动控制血压的实验正在进行。一般情况下，人的意识不能控制血压。即便被要求"让血压仅下降10 mmHg"，我们也无能为力。血压由一种称作"自主神经系统"的神经所控制。正如其名所示，自主神经是指独立于"我"之外的神经系统，不受自己的意志控制。

那么，为什么人类不能控制自主神经呢？大概是因为自主神经缺少"反馈"。缺少反馈是指自己也不清楚自己的血压现在是多少。我们没有能力控制自己未知的事物，

比如，先天性失明的人，他们的面部表情一般会比较匮乏。虽然也可以做出微笑或生气的表情，但不太擅长"微表情"。这就是因为缺乏反馈。我们在观察别人脸色或照镜子的时候，总能清晰地看到人类的表情，所以我们会通过自我反馈，即"当我做出这种表情时，我在别人眼中是这样子的"，在不知不觉中记住表情。随着年龄的增长和阅历的增加，人就是像这样不断学会微表情的。人们常说相由心生，这也并非没有道理。

在学习的过程中，反馈显得十分关键。

"自己性格易怒，所以要多加注意""自己爱睡懒觉，所以得早点起床"……如果意识到自己存在问题，就可以通过反馈进行自我改正。但是，血压不具备反馈系统，这该怎么办呢？答案非常简单，安装一个反馈仪器即可。

市面上就有仪器可以测量血压。仪器的屏幕上只显示数值也许很难让人产生实感，所以可以将仪器设置成当血压下降时亮"绿灯"、当血压上升时亮"红灯"。测量时，让人一边看着仪器，一边在脑中默念"亮绿灯"。绝不是默念"血压降低"，而是一心只想让"绿灯"亮，结果绿灯真的亮了，这意味着这种方法可以让血压降低。或许我们可以期待这种方法能够应用于高血压患者的治疗，毕竟非药物治疗法不会引起副作用。这种治疗法称作"生物反馈"。

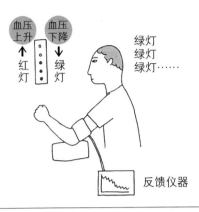

图 24-2　也许在将来，可以利用非药物的生物反馈来治疗高血压和自主神经功能紊乱？！

"自主神经功能紊乱"是指患者的自主神经在原本不需要活动的时候突然开始活动，并出现心悸、出汗等症状。自主神经功能紊乱也许也可以利用生物反馈进行某种程度的治疗。

利用生物反馈，不受控制的自主神经变得不再"自主"，可以通过意志加以控制。

瑜伽达人可以控制身体机能，比如降低心率和呼吸频率等，这意味着他们在控制自主神经。瑜伽没有借用红灯／绿灯就可以控制自主神经，真的非常了不起。不过，如果借助科学的力量，任何人都可以轻松掌握这种能力，这就是所谓的生物反馈。总之，自主控制和利用大脑的想法在将来会逐渐成为一个重要的研究领域。

后记

2005 年 3 月，我从留学地美国回到日本。虽然在国外待了不到两年半，但是感觉自己的内心世界在留学期间发生了很大的变化。

尤其是我对"人"的"温暖"行为产生了一种亲切感。曾经的我是一个坚信"科学至上"的"理科男"，所以很难想象自己身上竟然会发生如此大的变化。"科学能解决一切问题，即便当下做不到，将来也能从科学的角度解释世上的所有事物"这种自以为是的想法，现如今早已烟消云散。在那段固执地坚持"只相信科学"的岁月，我完全没有意识到盲目的层层逻辑中包含着非科学性。现在将科学视作"人为的"，畅想两者的界限和可能性，反而更能让我心生喜悦。

在回到日本后见到的传统工艺品中，有一个工艺品给我留下了深刻的印象，那就是北村美术馆的藏品"色绘鳞波文茶碗"。这是江户时期京烧彩绘陶艺家野野村仁清的代表作。他将传统的鱼鳞纹图案组合在一起，用于设计茶碗的图案，其中展现的精神与科学中的"分形"相通。

1967 年，曼德尔布罗特（Mandelbrot）博士发表了一篇论文[1]，"分形"由此名声大噪（尽管论文中并未使用"分形"一词）。这篇论文的题目有些出人意料，叫作"英国的海岸线有多长?"。

日本的旅游指南中有时会出现"北海道的周长大约有2500千米"等表述。在表现北海道的广阔时，这是一个有效的衡量标准。

细想一下，"海岸线长度"的表述本身其实就很奇怪，因为海岸线是凹凸不平的，而且凹凸的程度也各不相同。根据需要考虑的凹凸程度，海岸线长度可能会被放大10倍，甚至100倍。比如坐落于北海道东部的一个名为"野付崎"的海角，其外形狭长、景色壮丽。海岸线长度又能多准确地反映出这个海角的复杂地貌呢?

如果放大海岸线的凹凸部分，还会出现另一种程度的凹凸部分。如果继续放大的话，又会出现另一种程度的凹凸部分。凹凸部分存在各种层次，所有的凹凸部分又具有相应维度的意义。从凹凸部分的标准来看，海岸线呈现出"嵌套结构"，仿佛俄罗斯套娃一样。

在自己内部也存在着与自己一模一样的"相似结构"，这便称作"分形"，在日语中叫作"自相似性"。

前文中提到的色绘鳞波文茶碗采用了分形式图案，当然创作者不可能听说过分形一词，所以这只不过是一个偶然的类似事件而已。这个茶碗之所以吸引我，是因为在那段时期，我正在思考"科学"这一学问的嵌套结构。

在研究的过程中，我认识到科学的分形性。一般认为，生命科学是破解生命现象之谜的学问。从这个观点来看，自然现象中至今存在着未解之谜，只要破解这些谜题，在某种程度上便能达成目标。

然而，对于奋斗在研究一线的科学家而言，科学并没有就此结束。在反复开展实验破解谜题后，必定会出现下一个谜题。当然，即便破解这个新的谜题，之后还会迎来其他更难的谜题。

既然科学探索具有"分形性"，那么科学研究就不可能结束。换言之，可以说所有科学都"未完成"。这并不是指"现阶段"没有完成，而是科学永远都不会完成。

当然，我们也没有必要感到悲观。在前文中提到的海岸线测量问题上，根据"计算到什么程度才具有实际意义"和"精确到什么程度才能令自己满意"这两个标准，就可以结束虚拟测量，其中还介入了人为"意图"。其实这才是科学家的工作，判断标准非常随意，绝对谈不上公平。事实上，这并没有关系。本书所讲述的对象，正是这样的科学。

"讲述"这一行为并没有那么简单。关于生命科学，到底可以讲述什么内容呢？因为科学是具有解释学性质的文化行为，所以想要"讲述"的意愿也许是一个奇怪的尝试。

在此，我想避开那些适合但不可能解决的问题，讲述更实际的内容。对于本书的出版，我想给自己寻找"借口"。毕竟机会难得，所以我打算以找借口的方式为本书画上一个句号。

一听到"科学"这个词，许多人想到的是"具有清晰严谨的逻辑性""以冷静的视角探索真相""精确记录数据"等。然而，科学真相也会随着时代的进步而出现反转，新的真相会取代原来的真相。

　　研究者们日复一日地努力探索真相，但"努力探索"和"探索"并不一样。科学家运用当下可利用的最佳方法开展研究，研发出曾经意想不到的新技术，迎来喜闻乐见的突破，于是也会发现令人雀跃的新真相，这个瞬间最让人感到兴奋。一直信以为真的假说却被证明是错误的，这样的事情并不罕见。

　　科学是一门关于解释的学问。科学家通过解释各时代实验系统获取的数据，人为推测出隐藏在其背后的真理（虽然我也不确定真理是否真的存在）。没错，说到底也不过是"推测"而已。谁都有过这样的经历，从远处看以为是熟人，走近一看发现原来认错人了。既然科学也是人类行为之一，那么肯定也带有类似错觉的模糊性。

　　"借口之一"是，在讲述"科学事实"时，总是伴随着不符合"真实"的可能性，即可能被全盘否定的风险。依据最新信息出书，其中存在一定的难度。

　　在科学界，研究成果一般以学术论文的形式发表。"发现"只有被归纳成论文，才会被承认是一项"发现"。而且，论文结尾通常会提出"论点"，指出从实验结论中可以推测出什么规律，可以起到什么样的作用等。当然，作者不可以凭空想象，因此必须谨慎地解释数据，展开推论。

"借口之二"是，我在撰写论文时也是抱着谨慎的态度，仔细分析哪些信息是准确可靠的，哪些信息是缺乏依据的。等理解透彻以后，再耐心撰写文章，并且彻底回避毫无依据的推测。实际尝试写作后发现，科学逻辑是一套独特的思考体系，如同没有答案的"诘将棋"[①] 一般妙趣横生。

坦白说，这有时也会让我感到沮丧。有时我看着手中的数据，也会张开想象的翅膀，天马行空般愉快地遨游，也会畅想激动人心的可能性和恍如梦境的未来构想。当然，这些想法无法被写进学术论文。

那么，这些想法记录在哪里比较合适呢？其中一种形式应该是科普文章。当然会有人提出反对意见，认为这种想法没必要记录下来。虽然无力反驳，但我认为记录下来也无妨。就像日记一样，把自己当下的想法记录下来，这也不是什么坏事。因此，本书便应运而生。

因为本书不是学术论文，而且我很少有机会在论文之外讲述科学，所以在这种意义上，这本文集，或者更准确地说，由科学知识衍生出来的我的"胡思乱想"也具有相应的存在意义。在书中可以大胆地讲述尚未确定的假说，而且书店的货架上至少也需要一本类似本书这样的图书。因此，本书里的内容不受细节束缚，而是尽情想象、畅所欲言。

---

① 日本将棋中的一种排局，与中国象棋中的连将杀有相似之处。——编者注

虽说如此，但不负责任的夸夸其谈会让我产生罪恶感，所以我在引用论文时，尽可能地体现原文内容，书末也会列明参考文献。一是为了"逃避责任"，二是为了清楚地表明自己的立场。因此也请大家在阅读中注意，通过留意文章中参考文献的标记符号，就可以判断哪些内容是基于科学论证，哪些内容是我个人的假说。

日本最大规模的脑科学研究者组织，即日本神经科学学会（我也是该学会的会员）于 2010 年正式发布声明，其中提到"为了避免出现疑似脑科学或者所谓的'神经神话'，在发表研究成果前，需要思考如何为社会大众所接受，这一点也非常重要……研究成果要有明确的科学依据，并标明学会发表或出版论文等的具体出处"。

倘若大家在通读本书时，能对文中的背景情况和我的个人烦恼给予理解，我将感到欣喜不已。了解大脑，也意味着了解自己。在这个过程中，我们会时而感到惊奇，时而恐惧不安，时而又会心一笑。如果可以与大家共用拥有阅读中的每一个美妙时刻，将是我的荣幸。

最后在本书出版之际，想向给予我帮助的每一位朋友致以诚挚的感谢。

责任编辑山口洋子为本书的出版提供了机会，她考虑周全、精力旺盛，一直协助我完成书稿的撰写。尽管我对注释有诸多要求，她却从未表现出一丝不耐烦，还仔细地帮我跟进。撰写"进一步解说"时，尽管是在长假期间，山口还专门莅临我的研究室，一个人承担起提问者和录音师的工作。山口是一位"优秀的提问者"，多亏有她，我才能侃侃而谈，有时还会引出大胆的假说，或者一时兴起偏离话题。如果存在言之过甚的情况，那是因为我很容易得意忘形，所以都是我个人的责任。

图书出版部部长长谷川克美似乎深谙让我鼓足"干劲"的秘诀，自己常常在不知不觉中"上当"，他的"魔法"总能顺利推进企划的开展。

在本书的文库本出版时，新潮文库编辑部的三室洋子和铃木真弓对我多有关照，在此致谢。尤其当我提出对书中内容进行全面修改时，二位欣然接受我的要求。我置身于日新月异的科学中，有机会修订之前的内容让我很满意。

我还想感谢帮忙撰写日文版解说文章的中村兔。我们见过几面，多次讨论大脑的不可思议。她说话时眼睛闪闪发光，眉开眼笑的神情给我留下了深刻的印象。而且，她还拥有敏锐的洞察力和深邃的智慧，每次都让我感到受益匪浅。

祖父江 hiroko 在百忙中腾出时间，为本书设计了插图。她设计的插图线条冷峻而低调，富有韵味，与本书相得益彰，我个人特别喜欢。寄藤文平老师负责设计了文库版的封面，他创作的封面插画总能让我心满意足。

还有 VISA 的占野洋、和泉 yukari、武田雄二，Field 的利根川惠子、福岛拓郎和《文艺春秋》的松下理香，感谢以上几位朋友帮我整理文章的原文，以及做出客观的评价并给出中肯的意见。

我太太以前做过编辑，才疏学浅的我每次写完"理科思维的文章"后，都会请她过目，她也会从专业角度提出严厉的意见。

最后，人的大脑会找借口，而父母让我拥有了"会找借口"且有感情的大脑，并悉心养育我成人，因此也想向他们二位道一声感谢。

参考文献

第 1 章　大脑也会记忆 – 1

1. Leuner B, Mendolia-Lofredo S, Kozorovitskiy Y, Samburg D, Gould E, Shors TJ. Learning enhances the survival of new neurons beyond the time when the hippocampus is required for memory. J Neurosci 24:7477-7481, 2004.

2. Maguire EA, Gadian DG, Johnsrude IS, Good CD, Ashburner J, Frackowiak RS, Frith CD. Navigation-related structural change in the hippocampi of taxi drivers. Proc Natl Acad Sci USA 97:4398-4403, 2000.

3. Shors TJ, Miesegaes G, Beylin A, Zhao M, Rydel T, Gould E. Neurogenesis in the adult is involved in the formation of trace memories. Nature 410:372-376, 2001.

4. Kempermann G, Kuhn HG, Gage FH. More hippocampal neurons in adult mice living in an enriched environment. Nature 386:493-495, 1997.

5. van Praag H, Kempermann G, Gage FH. Running increases cell proliferation and neurogenesis in the adult mouse dentate gyrus. Nat Neurosci 2:266-270, 1999.

6. Mitome M, Hasegawa T, Shirakawa T. Mastication influences the survival of newly generated cells in mouse dentate gyrus. Neuroreport 16:249-252, 2005.

7. Stranahan AM, Khalil D, Gould E. Social isolation delays the positive effects of running on adult neurogenesis. Nat Neurosci 9:526-533, 2006.

8. Gould E, Tanapat P, McEwen BS, Flügge G, Fuchs E. Proliferation of granule cell precursors in the dentate gyrus of adult monkeys is diminished by stress. Proc Natl Acad Sci USA 95:3168-3171, 1998.

9. Mirescu C, Peters JD, Gould E. Early life experience alters response of adult neurogenesis to stress.Nat Neurosci 7:841-846, 2004.

10. Kozorovitskiy Y, Gould E. Dominance hierarchy influences adult neurogenesis in the dentate gyrus.JNeurosci 24:6755-6759, 2004.

11. Hill RS, Walsh CA. Molecular insights into human brain evolution. Nature 437:64-67, 2005.

12. Scoville WB, Milner B. Loss of recent memory after bilateral hippocampal lesions. J Neurol Neurosurg Psychiatry 20:11-21, 1957.（这篇具有里程碑意义的论文于 2000 年在网络上免费公开。）

13. Frankland PW, Bontempi B, Talton LE, Kaczmarek L, Silva AJ. The involvement of the anterior cingulate cortex in remote contextual fear memory. Science 304:881-883, 2004.

14. Maviel T, Durkin TP, Menzaghi F, Bontempi B. Sites of

neocortical reorganization critical for remote spatial memory. Science 305:96-99, 2004.

15. Gould E, Beylin A, Tanapat P, Reeves A, Shors TJ. Learning enhances adult neurogenesis in the hippocampal formation. Nat Neurosci 2:260-265, 1999.

16. Roy NS, Wang S, Jiang L, Kang J, Benraiss A, Harrison-Restelli C, Fraser RA, Couldwell WT, Kawaguchi A, Okano H, Nedergaard M, Goldman SA. In vitro neurogenesis by progenitor cells isolated from the adult human hippocampus. Nat Med 6:271-277, 2000.

第2章　大脑也会疲惫 – 11

1. McEwen BS. Glucocorticoids,depression, and mod disorders: structural remodeling in the brain. Metabolism 54:20-23, 2005.

2. Okuda S, Roozendaal B, McGaugh JL. Glucocorticoid efects on object recognition memory requie training-associated emotional arousal. Proc Natl Acad Sci USA 101:853-858, 2004.

3. Henke PG. Limbic system modulation of stress ulcer development. Ann NY Acad Sci 597:201-206,1990.

4. Blanchard RJ, Blanchard DC. Crouching as an index of fear. J Comp Physio Psych 67:370-375, 1969.

5. Kim JJ, Fanselow MS. Modality-specific retrograde amnesia of fear. Science 256:675-677, 1992.

6. Philips RG, LeDoux JE. Differential contribution of amygdala and hippocampus to cued and contextual fear conditioning. Behav

Neurosci 106:274-285, 1992.

第 3 章 大脑也会先入为主 – 18

1. Nitschke JB, Dixon GE, Sarinopoulos I, Short SJ, Cohen JD, Smith EE, Kosslyn SM, Rose RM, Davidson RJ. Altering expectancy dampens neural response to aversive taste in primary taste cortex. Nat Neurosci 9:435-442, 2006.

2. Shuler MG, Bear MF. Reward timing in the primary visual cortex. Science 311:1606-1609, 2006.

3. Stevens CF. An evolutionary scaling law for the primate visual system and its basis in cortical function. Nature 411:193-195, 2001.

4. Clark DA, Mitra PP, Wang SS. Scalable architecture in mammalian brains. Nature 411:189-193, 2001.

5. Hill RS, Walsh CA. Molecular insights into human brain evolution. Nature 437:64-67, 2005.（这篇论文中的图 1 很容易看懂。）

注：也有论文对 4 进行反驳。Sultan F. Analysis of mammalian brain architecture. Nature 415:133-134, 2002.

第 4 章 大脑也会有干劲 – 29

1. Shidara M, Richmond BJ. Anterior cingulate: single neuronal signals related to degree of reward expectaney. Science 296:1709-1711, 2002.

2. Aron A, Fisher H, Mashek DJ, Strong G, Li H, Brown LL. Reward, motivation, and emotion systems associated with early-stage

intense romantie love. J Neurophysiol 94:327-337, 2005.

第 5 章　大脑也会积攒压力 – 41

1. Abelson JL, Liberzon I, Young EA, Khan S. Cognitive modulation of the endocrine stress response to a pharmacological challenge in normal and panic disorder subjects, Arch Gen Psychiatry 62:668-675, 2005.

2. Ueyama T, Ohya H, Yoshimura R, Senba E. Effects of ethanol on the stress-inducred expression of NGFI-A mRNA in the rat brain. Alcohol 18:171-176, 1999.

第 6 章　大脑也会突然忘记 – 53

1. de Hoz L, Martin SJ, Morris RGM. Forgetting, reminding,and rememberings: the retrieval of lost spatial memory. PLoS Biol 2:e225, 2004.

2. Moris RGM. Spatial localization does not resquire the presence of local cues. Learn Motiv 12:239-260, 1981.

第 7 章　大脑也会找借口 – 61

1. Johanson P, Hall L, Sikatrim S,Olsson A.Fallure to detect mismatches betwen intention and outcomeina simple decision task. Science 10:116-119, 2005.

第 8 章　大脑也会变聪明 – 69

1. Blinkhorn S. Neuroscience:Of mice and mentality. Nature 424:1004-1005, 2003）

2. Matzel LD, Han YR, Grossman H, Karnik MS, Patel D, Scott N, Specht SM, Gandhi CC. Individual differences in the expression of a "general" learning ability in mice. J Neurosci 23:6423-6433, 2003.

3. Kentros CG, Agnihotri NT, Streater S, Hawkins RD, Kandel ER. Increased attention to spatial context increases both place field stability and spatial memory. Neuron 42:283-295, 2004.

4. de Quervain DJ-F, Papassotiropoulos A. Identification of a genetic cluster influencing memory performance and hippocampal activity in humans. Proc Natl Acad Sci USA 103:4270-4274, 2006.

5. Zatorre RJ. Absolute pitch: a model for understanding the influence of genes and development on neural and cognitive function. Nat Neurosci 6:692-695, 2003.

第 9 章　大脑也会有错觉 – 77

1. Hill RA, Barton RA. Psychology: Red enhances human performance in contests. Nature 435:293, 2005.

2. Cuthill IC, Hunt S, Clarke C, Cleary C. Colour bands,dominance, and body mass regulation in male zebra finches (*Taeniopygia guttata*). Proc. R. Soc.Lond.B 264:1093-1099, 1997.

3. Jacobs GH, Deegan JF 2nd, Neitz J. Photopigment basis for dichromatic color vision in cows,goats,and sheep. Vis Neurosci 15:581-584, 1998.

4. Rowe C, Harris JM, Roberts SC. Sporting contests: Seeing red? Putting sportswear in context.Nature 437:E10-11, 2005.

5. Akiyama T, Sasaki M, Takenaka Y. Body color and pattern formations in animals: pigment cell development,genes and a reaction-diffusion model. Hiyoshi Rev Natural Sci (Keio Univ.) 37:73-94,2005.

第 10 章 大脑也会有期待 – 87

1. McCoy AN, Platt ML. Risk-sensitive neurons in macaque posterior cingulate cortex. Nat Neurosci 8:1220-1227, 2005.

2. Kawagoe R, Takikawa Y, Hikosaka O. Expectation of reward modulates cognitive signals in the basal ganglia. Nat Neurosci 1:411-416, 1998.

3. Tremblay L, Schultz W.Relative reward preference in primate orbitofrontal cortex. Nature 398:704-708, 1999.

4. Shidara N,Richmond BU. Anterior cingulate:Single neuronal signals related to degree of reward expectancy. Science 296:1709-1711, 2002.

5. Fiorillo CD, Tobler PN. Sechultz W Discretr coding of reward probabiliy and uncertainty by dopamine neurons. Science 299:1898-1902, 2003.

6. Barraclough DJ, Conroy ML. Lee D. Prefrontal cortex and decision making in a mixed-strategy game. Nat Neurosci 7:404-410, 2004.

7. Dorris MC, Glimcher PW. Actvity in Posterior Parietal Cortex Is Correlated with the Relative SubjectiveDesirability of Action. Neuron 44:365-37. 2004.

8. Roesch MR, Olson CR. Neuronal activity related to reward value and motivation in primate frontal cortex. Science 304:307-310, 2004.

9. Sugrue LP. Corrado GS, Newsome WT. Matching behavior and the representation of value in the parietal cortex. Science 304:1782-1787, 2004.

10. Padoa-Schioppa C, Assad JA. Neurons in the orbitofrontal cortex encode economic value. Nature 441:223-226, 2006.

11. Shuler MG, Bear MF. Reward timing in the primary visual cortex. Science 311:1606-1609, 2006.

第 11 章　大脑也会说谎 - 93

1. Singer T, Seymour B, O' Doherty J, Kaube H, Dolan RJ, Frith CD. Empathy for pain involves the affective but not sensory components of pain. Science 303:1157-1162, 2004.

2. McClure SM, Li J, Tomlin D, Cypert KS, Montague LM, Montague PR. Neural correlates of behavioral preference for culturally familiar drinks. Neuron 44:379-387, 2004.

3. Gallese V, Fadiga L, Fogassi L, Rizzolatti G. Action recognition in the premotor cortex. Brain119:593-609, 1996.

4. Singer T, Seymour B, O' Doherty JP, Stephan KE, Dolan RJ, Frith CD. Empathic neural responses are modulated by the perceived fairness of others. Nature 439:466-469, 2006.

5. Lutz A, Greischar LL, Rawlings NB, Ricard M, Davidson RJ. Long-term meditators self-induce high-amplitude gamma synchrony

during mental practice. Proc Natl Acad Sci USA 101:16369-16373, 2004.

6. Libet B. Brain stimulation in the study of neuronal functions for conscious sensory experience. Hum Neurobiol 1:235-242, 1982.

7. Libet B. Unconscious cerebral initiative and the role of conscious will in voluntary action. Behav Brain Sci 8:529-566, 1985.

8. Libet B. Do we have free will? J Conscious Stud 6:47-57, 1999.

9. Briggman KL, Abarbanel HDI, Kristan WB Jr. Optical imaging of neuronal populations during decision making. Science 307:896-901, 2005.

10. Otten LJ, Quayle AH, Akram S, Ditewig TA, Rugg MD. Brain activity before an event predicts later recollection. Nat Neurosci 9:489-491, 2006.

11. Farah MJ. Neuroethics:the practical and the philosophical. Trends Cogn Sci 9:34-40, 2005.

12. Moreno JD. Neuroethics:an agenda for neuroscience and society, Nat Rev Neurosci 4:149-153, 2003.

13. Roskies A. Neuroethics for the new millenium. Neuron 35:21-23, 2002.

第 12 章　大脑也会依赖身体 – 112

1. Lewin R. Is your brain really necessary? Science 210:1232-1234, 1980.

2. Stepanyants A, Hof PR, Chklovskii DB. Geometry and structural plasticity of synaptic connectivity.Neuron 34:275-288, 2002.

第 13 章 大脑也会依赖语言 – 120

1. Goel V, Dolan RJ. The functional anatomy of humor: segregating cognitive and affective components.Nat Neurosci 2001 4:237-238, 2001.

第 14 章 大脑也会做梦 – 131

1. Cirelli C, Bushey D, Hill S, Huber R, Kreber R, Ganetzky B, Tononi G. Reduced sleep in Drosophila Shaker mutants. Nature 434:1087-1092, 2005.

2. Welsh DK, Logothetis DE, Meister M, Reppert SM. Individual neurons dissociated from rat suprachias-matic nucleus express independently phased circadian firing rhythms. Neuron 14:697-706, 1995.

3. Liu C, Weaver DR, Strogatz SH, Reppert SM. Cellular construction of a circadian clock:period determination in the suprachiasmatic nuclei. Cell 91:855-860, 1997.

4. Yamazaki S, Numano R, Abe M, Hida A, Takahashi R, Ueda M, Block GD, Sakaki Y, Menaker M, Tei H. Resetting central and peripheral circadian oscillators in transgenic rats. Science 288:682-685, 2000.

5. McCormick DA. DEVELOPMENTAL NEUROSCIENCE: Spontaneous activity:signal or noise? Science285:541-543, 1999.

6. Thompson LT, Best PJ. Place cells and silent cells in the hippocampus of freely-behaving rats. J Neuro-sci 9:2382-2390, 1989.

7. Volgushev M, Chauvette S, Mukovski M, Timofeev I. Precise long-range synchronization of activity andsilence in neocortical neurons during slow-wave sleep. J Neurosci 26:5665-5672, 2006.

8. Massimini M, Ferrarelli F, Huber R, Esser SK, Singh H, Tononi G. Breakdown of cortical effective connectivity during sleep. Science 309:2228-2232, 2005.

第 15 章　大脑也会失眠 – 142

1. Gottselig JM, Hofer-Tinguely G, Borbely AA, Regel SJ, Landolt HP, Rétey JV, Achermann P. Sleep and rest facilitate auditory learning. Neuroscience 127:557-561, 2004.

2. Mednick S, Nakayama K, Stickgold R. Sleep-dependent learning: a nap is as good as a night. Nat Neurosci 6:697-698, 2003.

3. Mednick SC, Nakayama K, Cantero JL, Atienza M, Levin AA, Pathak N, Stickgold R. The restorative effect of naps on perceptual deterioration. Nat Neurosci 5:677-681, 2002.

4. Marshall L, Molle M, Hallschmid M, Born J. Transcranial direct current stimulation during sleep improves declarative memory. J Neurosci 24:9985-9992, 2004.

5. Wilson MA, McNaughton BL. Reactivation of hippocampal ensemble memories during sleep. Science 265:676-679, 1994.

6. O'Keefe J, Dostrovsky. The hippocampus as a spaticl map. Preliminary evidence from unit activity in the freely-moving rat. Brain Res 34:171-175, 1971.

7. Brown EN, Frank LM, Tang D. Quirk MC, Wilson MA. A statistical

paradigm for neural spike train decoding applied to position prediction from ensemble firing patterns of rat hippocampal place cells. JNeu-rosci 18:7411-7425, 1998.

8. Louie K, Wilson MA. Temporally structured replay of awake hippocampal ensemble activity during rapid eye movement sleep. Neuron 29:145-156, 2001.

9. Lee AK, Wilson MA. Memory of sequential experience in the hippocampus during slow wave sleep.Neuron 36:1183-1194, 2002.

10. Maquet P, Ruby P. Psychology: Insight and the sleep committee. Nature 427:304-305, 2004.

11. Axmacher N, Mormann F, Fernández G. Elger CE, Fell J. Memory formation by neuronal synchronization. Brain Res Rev 52:170-182, 2006.

12. Foster DJ, Wilson MA. Reverse replay of behavioural sequences in hippocampal place cells during the awake state. Nature 440: 680-683, 2006.

第16章 大脑也会"波动" – 150

1. Lutz A, Greischar LL, Rawlings NB, Ricard M, Davidson RJ. Long-term meditators self-induce high-amplitude gamma synchrony during mental practice. Proc Natl Acad Sci USA 101:16369-16373, 2004.

2. Huang YZ, Edwards MJ, Rounis E, Bhatia KP, Rothwell JC. Theta burst stimulation of the human motor cortex. Neuron 45:201-206, 2005.

3. Roskies A. Neuroethics for the new millenium. Neuron 35:21-23, 2002.

4. Konopacki J, Maclver MB, Bland BH, Roth SH. Carbachol-induced EEG 'theta' activity in hippocampal brain slices. Brain Res 405:196-198, 1987.

5. Buzsáki G. Theta oscillations in the hippocampus. Neuron 33:325-340, 2002.

6. Adey WR. Hippocampal states and functional relations with corticosubcortical systems in attention and learning. Prog Brain Res 27:228-245, 1967.

7. Kahana MJ, Sekuler R, Caplan JB, Kirschen M, Madsen JR. Human theta oscillations exhibit task dependence during virtual maze navigation. Nature 399:781-784, 1999.

8. Raghavachari S, Kahana MJ, Rizzuto DS, Caplan JB, Kirschen MP, Bourgeois B, Madsen JR, LismanJE. Gating of human theta oscillations by a working memory task. J Neurosci 21:3175-3183, 2001.

9. Caplan JB, Madsen JR, Raghavachari S, Kahana MJ. Distinct patterns of brain oscillations underlie two basic parameters of human maze learning. J Neurophysiol 86:368-380, 2001.

10. Winson J. Loss of hippocampal theta rhythm results in spatial memory deficit in the rat. Science 201:160-163, 1978.

11. Givens BS, Olton DS. Cholinergic and GABAergic modulation of medial septal area:effect on working memory. Behav Neurosci 104:849-855, 1990.

12. Markowska AL, Olton DS, Givens B. Cholinergic manipulations in the medial septal area:age-related effects on working memory and hippocampal electrophysiology. J Neurosci 15:2063-2073, 1995.

13. Larson J, Wong D, Lynch G. Pattened stimulation at the theta frequency is optimal for the induction of hippocampal long-term potentiation. Brain Res 365:347-350, 1986.

14. Huerta PT, Lisman JE. Heightened synaptic plasticity of hippocampal CA1 neurons during acholinergically induced rhythmic state. Nature 364:723-725, 1993.

15. Bery SD, Thompson RF. Prediction of learning rate from the hippocampal electrencephalogram, Seience 200:1298-1300, 1987.

16. Asaka Y, Mauldin KN, Griffin AL, Seager MA, Shurell E, Berry SD. Nompharmacological amelioration of age-related learning deficits:the impact of hippocampal theta-triggered training. Proc Natl Acad Sci USA 102:13284-13288, 2005.

第 17 章　大脑也会变糊涂 – 165

1. Calon F, Lim GP, Yang F, Morihara T, Teter B, Ubeda O, Rostaing P, Thiller A, Salem N Jr, Ashe KH,Frautschy SA, Cole GM. Docosahexaenoic acid protects from dendritic pathology in an Alzheimer's disease mouse model. Neuron 43:633-645, 2004.

2. Lazarov O, Robinson J, Tang YP, Hairston IS, Korade-Mirnics Z, Lee VM, Hersh LB, Sapolsky RM, Mirnics K, Sisodia SS. Environmental enrichment reduces Abeta levels and amyloid

deposition in transgeniemice. Cell 120:701-713, 2005.

3. Lesné S, Koh MT, Kotilinek L, Kayed R, Glabe CG, Yang A, Gallagher M, Ashe KH. A specific amyloid-β protein assembly in the brain impairs memory. Nature 440:352-357, 2006.

4. Tsai JY, Wolfe MS, Xia W. The search for gamma-secretase and development of inhibitors. Curr Med Chem 9:1087-1106, 2002.

5. Iwata N, Tsubuki S, Takaki Y, Shirotani K, Lu B, Gerard NP, Gerard C, Hama E, Lee HJ, Saido TC. Metabolic regulation of brain Aβ by neprilysin. Science 292:1550-1552, 2001.

6. Saito T, Iwata N, Tsubuki S, Takaki Y, Takano J, Huang SM, Suemoto T, Higuchi M, Saido TC. Somatostatin regulates brain amyloid β peptide $A\beta_{42}$ through modulation of proteolytic degradation. Nat Med 11:434-439, 2005.

7. Schenk D, Barbour R, Dunn W, Gordon G, Grajeda H, Guido T, Hu K, Huang J, Johnson-Wood K, KhanK, Kholodenko D, Lee M, Liao Z, Lieberburg I, Motter R, Mutter L, Soriano F, Shopp G, Vasquez N,Vandevert C, Walker S, Wogulis M, Yednock T, Games D, Seubert P. Immunization with amyloid-β attenuates Alzheimer-disease-like pathology in the PDAPP mouse. Nature 400:173-177, 1999.

8. Bard F, Cannon C, Barbour R, Burke RL, Games D, Grajeda H, Guido T, Hu K, Huang J. Johnson-WoodK, Khan K, Kholodenko D, Lee M, Lieberburg I, Motter R, Nguyen M, Soriano F, Vasquez N, Weiss K, Welch B, Seubert P, Schenk D, Yednock T. Peripherally administered antibodies against amyloid β-peptideenter the

central nervous system and reduce pathology in a mouse model of Alzheimer disease. Nat Med 6.916-919, 2000.

9. Janus C, Pearson J, McLaurin J, Mathews PM, Jiang Y, Schmidt SD, Chishti MA, Horne P, Heslin D.French J, Mount HT, Nixon RA, Mercken M, Bergeron C, Fraser PE, St George-Hyslop P, Westaway D. Aβ peptide immunization reduces behavioural impairment and plaques in a model of Alzheimer's disease. Nature 408:979-982, 2000.

10. Morgan D, Diamond DM, Gottschall PE, Ugen KE, Dickey C, Hardy J, Duff K, Jantzen P, DiCarlo G.Wilcock D, Connor K, Hatcher J, Hope C, Gordon M, Arendash GW. Aβ peptide vaccination prevents memory loss in an animal model of Alzheimer's disease. Nature 408:982-985, 2000.

11. Hock C, Konietzko U, Papassotiropoulos A, Walmer A, Strefer J,von Rotz RC, Davey G, MortzE.Nitsch RM. Generation of antibodies specifie for β-amyloid by vaccination of patients with Alzheimer disease. Nat Med 8:1270-1275, 2002.

12. Hock C, Konietzko U, Streffer JR, Tracy J, Signorell A, Maller-Tillmanns B, Lemke U, Henke K, Moritz E, Garcia E, Wollmer MA, Umbricht D, de Quervain DJ, Hofmann M, Maddalena A, Papassotiropoulos A, Nitsch RM. Antibodies against β-amyloid slow cognitive decline in Alzheimer's disease. Neuron 38:547-554, 2003.

13. Nicoll JA, Wilkinson D, Holmes C, Steart P, Markham H, Weller RO. Neuropathology of human Alzheimer disease after immunization

with amyloid-β peptide:a case report. Nat Med 9:448-452, 2003.

14. Saido TC, Iwata N. Metabolism of amyloid β peptide and pathogenesis of Alzheimer's disease. Towards presymptomatic diagnosis,prevention and therapy. Neurosci Res 54:235-253, 2006.

15. Yang F, Lim GP, Begum AN, Ubeda OJ, Simmons MR, Ambegaokar SS, Chen PP, Kayed R, Glabe CG,Frautschy A, Cole GM. Curcumin inhibits formation of amyloid β oligomers and fibrils,binds plaques,and reduces amyloid in vivo. J Biol Chem 280:5892-5901, 2005.

16. Ng TP. Chiam PC, Lee T, Chua HC, Lim L, Kua EH. Curry Consumption and Cognitive Function in the Elderly. Am J Epidemiol 164:898-906, 2006.

17. Zhou Y, Su Y, Li B, Liu F, Ryder JW, Wu X, Gonzalez-DeWhitt PA, Gelfanova V, Hale JE, May PC.Paul SM, Ni B. Nonsteroidal anti-inflammatory drugs can lower amyloidogenic $A\beta_{42}$ by inhibiting Rho.Science 302:1215-1217, 2003.

第18章　大脑也会清醒 – 175

1. Diano S, Farr SA, Benoit SC, MeNay EC,da Silva I, Horvath B, Gaskin FS, Nonaka N, Jaeger LB, BanksWA, Morley JE, Pinto S, Sherwin RS, Xu L, Yamada KA, Sleeman MW, Tschöp MH, Horvath TL. Ghrelincontrols hippocampal spine synapse density and memory performance. Nat Neurosci 9:381-388, 2006.

2. Singer T, Seymour B, O'Doherty J, Kaube H, Dolan RJ, Frith CD. Empathy for pain involves the affective but not sensory

components of pain. Science 303:1157-1162, 2004.

3. Winderickx J, Lindsey DT, Sanocki E, Teller DY, Motulsky AG, Deeb SS. Polymorphism in red photopigment underlies variation in colour matching. Nature 356:431-433, 1992.

4. Merbs SL, Nathans J. Absorption spectra of human cone pigments. Nature 356:433-435, 1992.

5. Verrelli BC, Tishkoff SA. Signatures of selection and gene conversion associated with human color vision variation. Am J Hum Genet 75:363-375, 2004.

6. Nelson G, Chandrashekar J, Hoon MA, Feng L, Zhao G, Ryba NJ, Zuker CS. An amino-acid taste receptor. Nature 416:199-202, 2002.

7. Kim UK, Jorgenson E, Coon H, Leppert M, Risch N, Drayna D. Positional cloning of the human quantitative trait locus underlying taste sensitivity to phenylthiocarbamide. Science 299:1221-1225, 2003.

第 19 章　大脑也会让记忆变清晰 – 183

1. Nader K, Schafe GE, Le Doux JE. Fear memories require protein synthesis in the amygdala for reconsolidation after retrieval. Nature 406:722-726, 2000.

2. Kida S, Josselyn SA,de Ortiz SP, Kogan JH, Chevere I, Masushige S, Silva AJ. CREB required for the stability of new and reactivated fear memories. Nat Neurosci 5:348-355, 2002.

3. Sara SJ. Retrieval and reconsolidation:toward a neurobiology of

remembering. Learn Mem 7:73-84, 2000.

4. McCleery JM, Harvey AG. Integration of psychological and biological approaches to trauma memory:implications for pharmacological prevention of PTSD. J Trauma Stress 17:485-496, 2004.

5. Miller CA, Marshall JF. Molecular substrates for retrieval and reconsolidation of cocaine-associated contextual memory. Neuron 47:873-884, 2005.

6. Lee JLC, Di Ciano P, Thomas KL, Everitt BJ. Disrupting reconsolidation of drug memories reduces cocaine-seeking behavior. Neuron 47:795-801, 2005.

7. Nomura H, Matsuki N. Ethanol enhances reactivated fear memories. Neuropsychopharmacolosy 33:2912-2921, 2008.

第 20 章　大脑也会不安 – 192

1. Mirenowicz J, Schultz W. Preferential activation of midbrain dopamine neurons by appetitive rather than aversive stimuli. Nature 379:449-451, 1996.

2. Hollerman JR, Schultz W. Dopamine neurons report an error in the temporal prediction of reward during learning. Nat Neurosci 1:304-309, 1998.

3. Waelti P, Dickinson A, Schultz W. Dopamine responses comply with basic assumptions of formal learning theory. Nature 412:43-48, 2001.

4. Fiorillo CD, Tobler PN, Schultz W. Discrete coding of reward probability and uncertainty by dopamine neurons. Science 299:1898-1902, 2003.

5. Burgess PW. Strategy application disorder:the role of the frontal lobes in human multitasking. Psychol Res 63:279-288, 2000.

第 21 章　大脑也会抑郁 – 197

1. Wager TD, Rilling JK, Smith EE, Sokolik A, Casey KL, Davidson RJ, Kosslyn SM, Rose RM, Cohen JD.Placebo-induced changes in fMRI in the anticipation and experience of pain. Science 303:1162-1167, 2004.

2. Petrovic P, Kalso E, Petersson KM, Ingvar M. Placebo and opioid analgesia—imaging a shared neuronal network. Science 295:1737-1740, 2002.

3. Santarelli L, Saxe M, Gross C, Surget A, Battaglia F, Dulawa S, Weisstaub N, Lee J, Duman R, Arancio O, Belzung C, Hen R. Requirement of hippocampal neurogenesis for the behavioral effects of antidepressants. Science 301:805-809, 2003.

4. Altman J. Are new neurons formed in the brains of adult mammals? Science 135:1127-1128, 1962.

5. Aliman J, Das GD. Autoradiographic and histological evidence of postnatal hippocampal neurogenesis in rats. J Comp Neurol 124:319-335, 1965.

6. Kaplan MS, Hinds JW. Neurogenesis in the adult rat:electron microscopic analysis of light radioautographs. Sience 197:1092-1094, 1977.

7. Gouldman SA，Nottebohm F. Nueronal production, migration, and differentiation in a vocal control nucleus of the adult female

canary brain. Proc Natl Acad Sci USA 80:2390-2394, 1983.

8. Altaman J, Das GD.Aurornadingmaphic examination of the effects of enriched enviroament on the rate of glial multiplication in the adult rat brain. Nature 204:1161-1163, 1964.

9. Kempermann G, Kuhn HG, Gage FH.More hippocampal neurons in adult mice living in an environment. Nature 386:493-495, 1997.

第 22 章 大脑也会有干扰 – 211

1. Fenn KM, Nusbaum HC, Margoliash D. Consolidation during sleep of perceptual learning of spoken language. Nature 425:614-616, 2003.

2. Walker MP, Brakefield T, Hobson JA, Stickgold R. Dissociable stages of human memory consolidation and reconsolidation. Nature 425:616-620, 2003.

3. Stickgold R, Hobson JA, Fosse R, Fosse M. Sleep,learning, and dreams:off-line memory reprocessing.Science 294:1052-1057, 2001.

4. Wagner U, Gais S, Haider H, Verleger R, Born J. Sleep inspires insight. Nature 427:352-355, 2004.

第 23 章 大脑也会不满足 – 217

1. Zhang Y, Proenca R, Maffei M, Barone M, Leopold L, Friedman JM. Positional cloning of the mouse obese gene and its human homologue. Nature 372:425-432, 1994.

2. Campfield LA, Smith FJ, Guisez Y, Devos R, Burm P. Recombinant mouse OB protein: evidence for a peipheral signal

linking adiposity and central neural networks. Science 269:546-549, 1995.

3. Pelleymounter MA, Cullen MJ, Baker MB, Hecht R, Winters D, Boone T, Collins F. Effects of the obese gene product on body weight regulation in ob/ob mice. Science 269:540-543, 1995.

4. Halaas JL, Gajiwala KS, Maffei M, Cohen SL, Chait BT, Rabinowitz D, Lallone RL, Burley SK, Friedman JM. Weight-reducing effects of the plasma protein encoded by the obese gene. Science 269:543-546, 1995.

5. Lönnqvist F, Arner P, Nordfors L, Schalling M. Overexpression of the obese (ob) gene in adipose tissue of human obese subjects. Nat Med 1:950-953, 1995.

6. Hamilion BS, Paglia D, Kwan AYM, Deitel M. Increased obese mRNA expression in omental fat cells from massively obese humans. Nat Med 1:953-956, 1995.

7. Colombo G, Agabio R, Diaz G, Lobina C, Reali R, Gessa GL. Appetite suppression and weight loss afterthe cannabinoid antagonist SR 141716. Life Sci 63:113-117, 1998.

8. Di Marzo V, Matias I. Endocannabinoid control of food intake and energy balance.Nat Neurosci 8:585-589, 2005.

第 24 章 大脑也会模糊 – 227

1. Zykov V, Mytilinaios E, Adams B, Lipson H. Robotics: Self-reproducing machines, Nature 435:163-164, 2005.

2. Schwartz AB. Cortical neural prosthetics. Annu Rev Neurosci

27:487-507, 2004.

3. Hochberg LR, Serruya MD, Friehs GM, Mukand JA, Saleh M, Caplan AH, Branner A, Chen D, PennRD, Donoghue JP. Neuronal ensemble control of prosthetic devices by a human with tetraplegia. Nature 442:164-171, 2006.

4. Wolpaw JR, Birbaumer N, McFarland DJ, Pfurtscheller G, Vaughan TM. Brain-computer interfaces for communication and control. Clin Neurophysiol 113:767-791, 2002.

5. Birbaumer N, Ghanayim N, Hinterberger T, Iversen I, Kotchoubey B, Kübler A, Perelmouter J, Taub E,Flor H. A spelling device for the paralysed. Nature 398:297-298, 1999.

后记 – 240

1. Mandelbrot B. How long is the coast of Britain? Statistical self-similarity and fractional dimension.Science 156:636-638, 1967.

其他

1. 汤姆·斯塔福德，马特·韦布 . 潜入大脑：认知与思维升级的 100 个奥秘 [M]. 陈能顺，译 . 北京：机械工业出版社，2021.

2. 石浦章一 . 生命に仕組まれた遺伝子のいたずら [M]. 東京：羊土社，2006.

3. Michael S.Gazzaniga. The Science of Our Moral Dilemmas[M]. NY：Harper Perennial，2006.

4. V.S. 拉马钱德兰，S. 布莱克斯利 . 脑中魅影 [M]. 顾凡及，译 . 长沙：湖南科学技术出版社，2018.

附录 《考试脑科学》精华学习方法

1. 狮子记忆法

原理

① 当人处于饥饿状态时，海马体会活化，这是为了寻找食物所遗留的生存本能，此时大脑的状态利于记忆。

② 走动时，海马体会认为人进入狩猎状态，同样利于记忆。乘坐汽车、地铁等交通工具，也有同样效果。

③ 当人感到寒冷时，大脑会认为此刻面临危险，海马体会活化。

要点

① 饥饿状态。

② 走动。

③ 感到寒冷。

饭前在凉爽的房间内边走动边记忆，是个不错的选择。

2. 感动式学习法

原理

负责产生情绪的杏仁核，也能够引发神经元的 LTP（长时程增强作用，指神经元之间的连接增强，并被长期激活的现象）。

换言之，人在情绪高涨时会更容易记忆。

比如说，"1815 年，拿破仑被流放到圣赫勒拿岛"这个知识点，我们来试试不死记硬背，而是带有感情地记忆吧。请设身处地地想象一下，经历过种种作战后仍然失败了的拿破仑，还要被流放到荒岛上，这是多么悲惨的境地啊。如果换做是我们自己遭受了这样的不幸，心中又会是何等的万念俱灰。像这样有感情地代入历史情节之中，大脑自然就会记住这个知识点了。

要点

分析知识点，将其与感情关联后来记忆。

3. 好奇心记忆法

原理

脑电波 θ 波是"好奇心"的象征。当我们第一次见到某种事物，或者第一次踏入某个地方时，脑中就会自然而然地产生 θ 波。当对千篇一律的事物感到厌烦、丧失兴趣的时候，θ 波就会消失。当 θ 波出现时，即使刺激的次数很少，海马体中也能产生 LTP。记忆的销量会大幅提升。

要点

①保持兴趣。如果觉得今天不在状态，怎么都提不起对学习的兴趣，那就稍微休息一会儿再试试吧。或者干脆早点睡觉，养精蓄锐以便明日再战。

②发现兴趣。世间万物自有其深奥之处。人们常说"百谈莫若一试"，很多事如果只用眼睛观察是判断不出有趣与否的，必须亲自尝试后才能发现其中的乐趣，而且了解得越多就越能体会到其中的有趣之处。即使在刚开始时感到无

聊，也请大家稍做忍耐，坚持学习下去吧，只要坚持住就一定能发现学习的有趣之处。到那时，我们的脑中自然就会出现 θ 波了。

4. 分散学习法

原理

睡眠时大脑会整理当日输入的信息，从而强化记忆。与在一天内集中学习大量内容相比，每天学习一部分效果会更好。

要点

①每天学习一部分内容。

②作息规律，持之以恒。

③第二天可以做回想复习，回想时要做到100%准确，否则模糊的记忆可能会覆盖原本准确的记忆。

5. 迁移学习法

原理

记忆中的"方法记忆"（详见《考试脑科学》第175页）会将在某一领域已经熟练的方法迁移到新的学习中，利于掌握与理解新知识。

要点

①从自己擅长的领域出发磨练"方法记忆"。

②仅仅记忆知识还不够，注重理解和思考，才能形成可迁移的方法。

6. 睡前记忆法

原理

大脑在睡眠期间会整理记忆信息，睡前是记忆的黄金时间，可以用来学习需要记忆的内容，例如背单词。

要点

①应在睡前 1~2 小时来记忆内容。如果在临睡前来记，可能会让大脑产生兴奋而导致失眠。

②保证足够的睡眠时间，睡眠时间以 90 分钟的倍数为宜。

③早上起床的时间，大脑更适合"思考"类型的学习活动。

7. 动机刺激法

原理

大脑中与动机有关的部位是"苍白球"，动机不会主动出现，需要一定的外部刺激才会产生。对大脑运动区、海马体、腹侧被盖区、额叶的刺激能够有效产生行动的动机。

要点

①刺激运动区。提不起干劲的时候，可以活动下身体，通过刺激运动区来激活苍白球。

②刺激海马体。当出现与记忆不符的经验时（例如新鲜感、稍微不同的学习环境等），海马体收到的刺激会激活苍白球。

③刺激腹侧被盖区。为完成目标设定奖赏，可以对苍白球形成刺激。

④刺激额叶。想象自己完成目标后的情况，提前穿自己目标学校的校服，在墙上贴"考试必胜"的标语，这些都能够对苍白球产生刺激。

8. 压力化解法

原理

压力与记忆力之间存在双向影响关系。

压力会影响记忆力。神经元的 LTP 无法承受压力，在面对逃避不开的压力时就会减弱。换句话说，记忆力会因为压力而下降。

锻炼记忆力会减轻压力。海马体的激活程度越高，其适应压力的速度就越快。另外，长期承受压力则会造成海马体神经元减少，进而被压力吞噬。战胜压力可以促使海马体变得发达，等到下次遭受新的压力时便也能将其克服。由此一来，海马体又将变得更加发达，能抗住更大的压力。极端地说，只要锻炼海马体，我们就能不断地克服巨大的压力。

要点

①区分"压力"与"压力源"。压力是指主观的负担或重压状态，而压力源是指与个人相关的环境刺激等。压力源无法改变，但压力可以通过主观克服。

②用"适应"克服压力。例如在婚礼现场致辞时会感到紧张，不过他只要多经历几次，适应以后自然会变得从容不迫。"在人前讲话"这个外部环境，也就是压力源并没有发生变化，但人的反应却从紧张变成从容不迫。换言之，"适应＝记忆"。适应是逐渐不再去感知压力源的过程。修复感受能力，并将其转换成记忆，这就是所谓的克服压力。

③找到退路。解压的关键在于，是否觉得自己拥有解压的方法。知道退路的存在，并且知道自己能够走上退路，这两点极其重要。

版 权 声 明

正文插画：祖父江ヒロコ
图版制作：三潮社